2022
江苏省海洋经济发展报告

江苏省自然资源厅　编著

海洋出版社

2023年·北京

图书在版编目(CIP)数据

2022江苏省海洋经济发展报告 / 江苏省自然资源厅编著. —北京 : 海洋出版社, 2023.5
ISBN 978-7-5210-1120-3

Ⅰ. ①2… Ⅱ. ①江… Ⅲ. ①海洋经济－区域经济发展－研究报告－江苏－2022 Ⅳ. ①P74

中国国家版本馆CIP数据核字(2023)第086796号

2022江苏省海洋经济发展报告
2022 JIANGSUSHENG HAIYANG JINGJI FAZHAN BAOGAO

责任编辑：林峰竹
责任印制：安　森

海洋出版社 出版发行
http://www.oceanpress.com.cn
北京市海淀区大慧寺路 8 号　邮编：100081
鸿博昊天科技有限公司印刷　新华书店北京发行所经销
2023年5月第1版　2023年5月第1次印刷
开本：787 mm × 1092 mm　1 / 16　印张：5.5
字数：54千字　定价：55.00元
发行部：010-62100090　总编室：010-62100034
海洋版图书印、装错误可随时退换

前　言

发展海洋经济，建设海洋强国，是党中央、国务院作出的重要战略部署，是中国特色社会主义事业的重要组成部分。《中华人民共和国国民经济和社会发展第十四个五年规划和2035年远景目标纲要》以"积极拓展海洋经济发展空间"专章对海洋经济发展作出全面部署，强调要"坚持陆海统筹、人海和谐、合作共赢，协同推进海洋生态保护、海洋经济发展和海洋权益维护，加快建设海洋强国"。全国《"十四五"海洋经济发展规划》，提出"畅通陆海连接，增强海上实力，走依海富国、以海强国、人海和谐、合作共赢的发展道路，加快建设中国特色海洋强国"。

2021年，江苏省坚持以习近平新时代中国特色社会主义思想为指导，坚决贯彻党中央、国务院决策部署，全面落实习近平总书记关于江苏工作系列重要讲话指示精神，全省域谋划推进海洋经济发展，海洋产业结构调整步伐加快，科技创新能力不断增强，市场活跃度持续提升，海洋经济发展基础不断巩固，发展质效稳步提高，"强富美高"新江苏建设"蓝色动力"持续发力，实现"十四五"良好开局。

江苏省自然资源厅全面总结2021年江苏省海洋经济发展情况，组织编制了《2022江苏省海洋经济发展报告》（以下简称《报告》）。《报告》系统回顾和分析了江苏省海洋经济发展形势和管理工作开展情况，对沿海三市以及沿江七市的海洋经济运行情况进行了评估。希望《报告》能够为各级政府部门、科研院所、相关涉海企业以及关心江苏海洋经济发展的广大读者提供参考借鉴。

本《报告》由江苏省海洋经济监测评估中心钱林峰、顾云娟、方颖、别蒙等同志具体撰写，由江苏省自然资源厅海洋规划与经济处王均柏、钱春泰、胡德义统稿。《报告》的编写得到了省级机关相关部门及沿海沿江设区市、县（市、区）自然资源部门的大力支持，在此表示衷心感谢。

由于编者学识和水平有限，难免有不足之处，恳请读者批评指正。

编　者

2022年10月

目 录

第一篇 综合篇

第二篇　区域篇

附　录

第一篇　综合篇

第一章　海洋经济宏观形势分析

第一节　全国海洋经济发展形势

1. 海洋经济强劲恢复

2021年，全国海洋经济总量再上新台阶，首次突破9万亿元，达90 385亿元，比上年增长8.3%，高于国民经济增速0.2个百分点，对国民经济增长的贡献率为8.0%，占沿海地区生产总值的比重为15.0%，比上年增长0.1个百分点。海洋一、二、三次产业占比为5.0∶33.4∶61.6，主要海洋产业增加值34 050亿元，比上年增长10.0%，海洋经济结构不断优化。

海洋经济市场潜力逐步释放。重点监测的海洋行业中，新登记企业数同比增长5.7%，注吊销企业数同比下降5.1%。资本市场活跃度大幅提升，“蓝色100”股票指数涨幅达到30.2%；海洋领域52家企业完成IPO上市，融资规模达853亿元，同比增长478.6%，占全部IPO企业融资规模的15.0%。重点监测的规模以上海洋工业企业营业收入利润率显著增长。

2. 海洋产业结构持续优化

产业结构调整优化步伐加快。新兴海洋产业增势强劲，海洋药物和生物制品业、海洋电力业、海水淡化与综合利用业增加值同比分别增长18.7%、30.5%和16.4%，显著高于主要海洋产业增速；产业公共服务能力日趋增强，国家海洋综合试验场（威海）正式挂牌，海水淡化与综合利用示范基地在天津临港完成一期中试实验区建设。传统海洋产业转型升级加速，海洋牧场综合试点有序推进，截至2021年底，建成国家级海洋牧场示范区136个；海洋船舶制造绿色低碳化水平不断提升，绿色动力船舶订单占全年新承接订单总量的24.4%，21万吨LNG（液化天然气）动力散货船、7 000车双燃料汽车运输船、甲醇动力双燃料MR型油船等特种船舶实现批量订单承接；沿海港口智慧化码头建设稳步推进，厦门港、青岛港、上海港、深圳港、日照港、天津港等8个港口已建设自动化码头33个。

海洋交通运输业和海洋船舶制造业国际竞争优势凸显。2021年全球经济回暖，国际货物贸易量大幅增长，海运价格持续上扬，港航市场呈现向好态势，海洋交通运输业实现较快增长，增加值比上年增长10.3%。沿海港口完成货物吞吐量和集装箱吞吐量分别为99.7亿吨、2.5亿标准箱，居世界第一；海洋交通运输业新登记企业数同比增长47.5%。国际航运市场复苏叠加船舶批量更替周期，全球新造船市场超预期回升，我国船舶企业抓住机遇承接大量订单，造船三大指标造船完工量、新承接订单量、手持订单量同比分别增长11.3%、147.9%和44.3%，实现全面增长，国际市场份额继续保持领先。

3. 海洋科技创新能力不断增强

科技创新机制持续深化。全国各地坚持海洋科技创新与体制机制创新“双轮”驱动，推行“揭榜挂帅”制度，加大多元化资金投入，不断提升海洋科技创新和成果转化能力，推进海洋产业人才链、创新链与产业链高度融合。山东省发起设立海洋共同体基金，重点支持原始创新、海洋成果转化和高端海洋科技产业化项目培育；广东省继续实施海洋经济发展年度专项资金3亿元，支持海洋工程装备、海上风电、海洋电子信息、天然气水合物、海洋生物、海洋公共服务六大产业协同创新和集聚发展。

自主创新科技成果不断涌现。海洋高端装备研发制造能力进一步提升，国内首艘17.4万立方米浮式LNG储存再气化装置顺利交付，海上LNG产业链族谱再添重器；自主研发制造的抗台风型漂浮式海上风电机组在广东并网发电，国内首个“海上风电+储能”海上风电场建设进入储能交付期；波浪能发电装置“舟山号”“长山号”海试顺利进行。体内植入用超纯度海藻酸钠完成国家药品监督管理局药品审评中心（CDE）登记备案，实现国产化生产，打破国际垄断。自主研发的首套浅水水下采油树系统在渤海海域海试成功，结束了水下采油树系统依赖进口的历史。海底高压主基站、海底光电复合缆等一批海洋创新技术达到国际先进水平。

4. 涉海规划密集出台

2021年是“十四五”规划开局之年，国务院批复同意印发全国《“十四五”海洋经济发展规划》，明确走依海富国、以海强国、人海和谐、合作共赢的发展道路，推进海洋经济高质量发展，建设中国特色海洋强国。相继出台《海水淡化利用发展行动计划（2021—2025年）》《“十四五”全国渔业发展规划》等行业规划，促进涉海相关行业高质量发展。同时，11个沿海省（自治区、直辖市）和部分沿海城市先后印发地区海洋经济发展规划。

第二节　区域海洋经济发展态势

1. 区域海洋经济发展情况

《2021年中国海洋经济统计公报》显示，2021年，北部海洋经济圈实现海洋生产总值25 867亿元，比上年名义增长15.1%，占全国海洋生产总值的比重为28.6%；东部海洋经济圈实现海洋生产总值29 000亿元，比上年名义增长12.8%，占全国海洋生产总值的比重为32.1%；南部海洋经济圈实现海洋生产总值35 518亿元，比上年名义增长13.2%，占全国海洋生产总值的比重为39.3%。

以青岛市为代表的北部海洋经济圈海水利用业特色比较明

显。青岛市推进海水淡化规模化应用，加快建设全国重要的海水利用基地，推进大型成套海水淡化装备研发建造，积极参与海水淡化标准检测认证体系建设，带动周边地区海水淡化产业集群发展。天津、大连两市也将海水利用业纳入重点发展的新兴产业名单之中。

以上海市为中心的东部海洋经济圈在高技术船舶和海洋工程装备制造业上优势较为突出。“规模最大、产业链最完善的长三角船舶与海洋工程装备综合产业集群”建设，带动上海市及周边城市群形成比较成熟的船舶制造配套产业集群。供应国内船舶制造高端配件的上游企业大多集中在该区域，企业间合作模式灵活，生产效率较高。

广州市、深圳市所处的南部海洋经济圈依托电子信息产业集聚优势，海洋电子信息产业推动海洋经济发展成效明显。《广东海洋经济发展报告（2020）》显示，截至2019年底，广东全省从事海洋电子设备制造与信息服务活动的涉海单位超过1 500家，其中超过90%的海洋电子信息企业集聚珠三角地区的广州、深圳、珠海、东莞、惠州等地。

2. 地方相继明确“十四五”海洋经济发展方向

沿海省（自治区、直辖市）立足本地海洋经济发展基础，相继出台“十四五”海洋经济发展规划，明确“十四五”期间海洋经济发展方向。

北部海洋经济圈

辽宁省提出加快“老字号”海洋产业优化升级、促进“原字号”海洋产业深度发展、推进“新字号”海洋产业蓬勃发展，进一步优化空间布局，巩固提升大连市海洋经济核心地位，做大做强东西两向轴带，推动形成“一核心两轴带”协同互促的海洋经济格局。河北省提出打造“一带三极多点”海洋经济发展新格局。以秦皇岛、唐山、沧州三市为依托，构建现代化港群体系，提升港产城互动融合发展水平，打造沿海蓝色经济带；以曹妃甸区、渤海新区、北戴河新区为骨干，建设优势互补、各具特色的海洋经济高质量发展增长极；围绕提质、增效、扩容，培育壮大秦皇岛、乐亭、滦南、南堡、沧州临港、南大港等沿海经济园区，夯实海洋经济发展平台载体。天津市突出海洋经济高质量发展主方向，立足“一基地三区”功能定位，以“津城”“滨城”为双核引领，中新天津生态城、滨海高新区海洋科技园、天津港港区、天津港保税区、南港工业区五大海洋产业集聚区拓展联动，构建沿海蓝色生态休闲带，形成各具特色、协调发展的“双核五区一带”海洋经济发展新格局。山东省提出“一核引领、三极支撑、两带提升、全省协同”发展布局。着力提升青岛市海洋经济龙头引领作用，建设烟台市、潍坊市、威海市海洋经济高质量发展增长极，提升黄河三角洲高效生态海洋产业带和鲁南临港产业带效能，推进沿海地区海洋经济优势向内陆地区拓展延伸和转移，以海带陆、以陆促海，推动海陆高效联动、协同发展。

东部海洋经济圈

江苏省提出打造具有国际竞争力的海洋先进制造业基地、全国领先的海洋产业创新高地、具有高度聚合力的海洋开放合作高地、全国海洋经济绿色发展先行区、美丽滨海生态休闲旅游目的地发展目标，推进形成集沿海海洋经济隆起带、沿江海洋经济创新带、腹地海洋经济培育圈的“两带一圈”全域一体海洋经济空间布局，构建特色彰显的现代海洋产业体系，提升自立自强的海洋科技创新能力，建设人海和谐的海洋生态文明格局。上海市“十四五”期间重点支持面向未来的新型海洋产业，协同推进深远海资源勘探开发、深潜器、海水利用、海洋风能和海洋能等高端装备研发制造和应用，推动建设全国规模最大、产业链最完善的船舶与海洋工程装备综合产业集群。浙江省提出构建“一环、一城、四带、多联”的陆海统筹海洋经济发展新格局。以环杭州湾区域海洋科创平台载体为核心，强化海洋经济创新发展能力；联动宁波舟山建设海洋中心城市，集聚海洋经济优势资源；联动建设甬台温临港产业带、浙江省生态海岸带、金衢丽省内联动带、跨省域腹地拓展带，推进海洋经济内外拓展；推动海港、河港、陆港、空港、信息港高水平联动提升，推进山区与沿海高质量协同发展。福建省提出持续优化海洋强省战略空间布局、高质量构建现代海洋产业体系、高能级激发海洋科技创新动力、高标准推进涉海基础设施建设、高站位打造海洋生态文明标杆、高水平拓展海洋开放合作空间、高效能完善海洋综合治理体系七个方面重点任务，进一步优化“一带两核六湾多岛”海洋经济发展总体格局，推动形成各具特色的沿海城市发展格局，打造福建海洋强省建设战略支撑空间。

南部海洋经济圈

广东省提出推动形成陆海统筹内外联动海洋经济空间布局、构建具有国际竞争力的现代海洋产业体系、强化海洋科技自立自强战略支撑、推动海洋经济绿色高效发展、加强海洋经济开放合作、提升海洋经济综合管理能力六大任务；聚焦海洋经济发展重点领域，统筹提出蓝色科技走廊建设工程、海洋产业集聚发展示范工程、粤港澳大湾区海洋经济合作示范工程、海洋基础设施工程、海洋生态保护工程、智慧海洋工程等六大工程。广西壮族自治区按照“一港两区两基地”发展定位，打造“一轴两带三核多园区”海洋发展新格局，使海洋经济成为推动广西经济高质量发展重要增长极，把广西建设成为具有重要区域影响力的海洋强区。海南省提出构建“南北互动、两翼崛起、深海拓展、岛礁保护”的蓝色经济空间布局。北部打造海洋现代服务业增长极，南部打造海洋旅游与高新技术产业增长极，西部打造临港临海绿色工业发展带，东部打造高质量海洋生态经济发展带。以三亚崖州湾科技城为依托，加快深海空间站、深远海综合试验场、国家南海生物种质资源库等重大项目建设，推进深海技术研发，推进深海资源开发与国际合作，提升深远海综合开发服务保障能力。

第二章　江苏省海洋经济发展情况

第一节　海洋经济发展总体情况

2021年，江苏省海洋经济总量再上新台阶，海洋产业结构调整步伐加快，科技创新能力不断增强，市场活跃度持续提升，海洋经济发展基础不断巩固，发展质效稳步提高。

1. 海洋经济总量快速增长

据初步核算，2021年，江苏省全年实现海洋生产总值9 248.3亿元，迈上9 000亿元新台阶，比上年增长12.5%，占地区生产总值的比重为7.9%，占全国海洋生产总值的比重为10.2%（图1）[①]。海洋经济对国民经济增长的贡献率为7.6%，拉动国民经济增长1个百分点。分产业看，第一产业增加值536.7亿元，第二产业增加值4 311.1亿元，第三产业增加值4 400.5亿元，海洋经济三次产业占海洋生产总值的比重分别为5.8%、46.6%和47.6%。

① 《报告》中涉及的江苏省海洋生产总值数据来源于《2021年江苏省海洋经济统计公报》，各设区市海洋生产总值均为初步核算数。

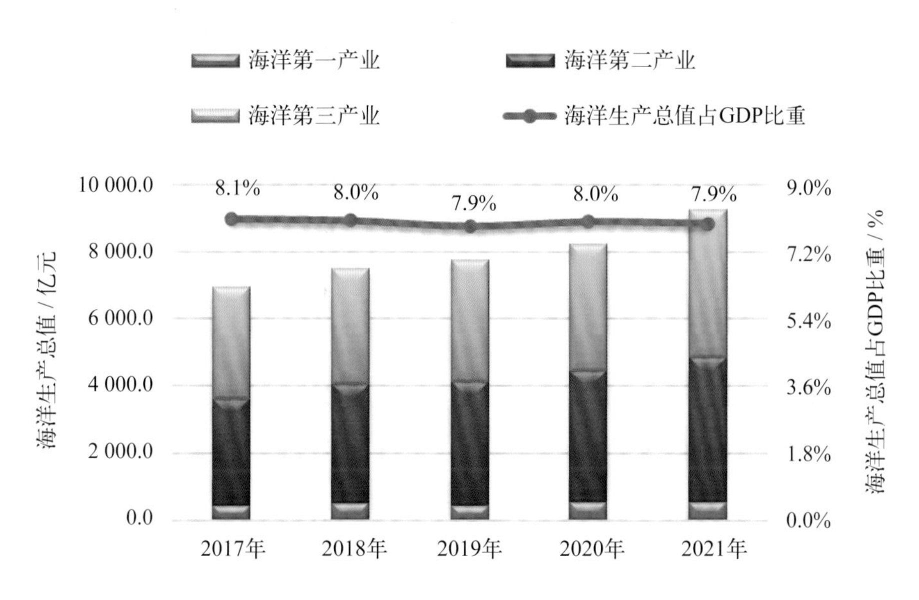

图 1　2017—2021年江苏省海洋生产总值和三次产业比重情况

2. 江海联动特色持续凸显

基于独特的区位和产业基础，沿海沿江地区成为海洋经济发展的主战场。江苏健全一体化发展机制，加强沿江沿海港口联动协作，完善江海河联运集疏运体系，海洋交通运输实现跨越式发展。2021年，沿江港口集装箱吞吐量同比增速较长江干线港口高1.2个百分点，占比较2020年提高0.7个百分点，中转枢纽作用进一步增强。国际航运市场复苏叠加船舶批量更替周期，带动全球新造船市场超预期回升，海洋船舶企业抓住市场回升机遇，新承接订单量大幅增长，带动涉海设备制造、涉海配套设备企业营收大幅攀升。2021年，南通、泰州、扬州三大造船基地新承接订单

383艘、3 048.1万载重吨，同比增长156.7%，其中出口船舶占比84.4%；新承接订单量占世界市场份额的24.5%，占全国份额的45.4%，占江苏省总量的84.2%。重点监测的海洋船舶工业企业营业收入增长12.5%。

3. 区域协调发展扎实推进

从区域海洋经济发展来看，2021年，沿海地区（南通、连云港、盐城三市）海洋生产总值为4 818.1亿元，比上年增长10.6%，占江苏省海洋生产总值的比重为52.1%；沿江地区（南京、无锡、常州、苏州、扬州、镇江、泰州七市）海洋生产总值为4 351亿元，比上年增长14.8%，占江苏省海洋生产总值的比重为47%；非沿海沿江地区（徐州、淮安、宿迁三市）海洋生产总值为79.2亿元，比上年增长8.4%，占江苏省海洋生产总值的比重为0.9%。

第二节　海洋经济管理

1. 构建全省域"十四五"海洋经济发展规划体系

2021年8月10日，江苏省自然资源厅、江苏省发展和改革委员会联合印发《江苏省"十四五"海洋经济发展规划》，系统部署"十四五"期间海洋经济发展目标和任务。提出构建"两带一圈"

一体联动的全省域海洋经济空间布局，高质量打造沿海海洋经济隆起带、高水平建设沿江海洋经济创新带、高起点拓展腹地海洋经济培育圈，并提出到2025年，全省海洋生产总值占地区生产总值比重超过8%。

沿海沿江设区市贯彻《江苏省海洋经济促进条例》规定，立足本地区海洋产业发展基础，相继制定并印发实施地区“十四五”海洋经济发展规划（表1），是全国首个实现全省域海洋经济发展规划体系全覆盖的省份，奠定了“全省都是沿海，沿海更要向海”发展的规划基础。

表1　江苏省市级“十四五”海洋经济发展规划相关内容

地区	主要内容
南通	按照江苏省委赋予南通建设江苏开放门户的使命，结合南通海洋经济发展的资源、区位和产业基础优势，深化全国富有江海特色的海洋中心城市建设的内涵和目标，确立打造世界级船舶海工先进制造业基地、全国江海河联运发展重要枢纽、国家级海洋经济创新发展新标杆的三大战略定位。围绕优江拓海、江海联动，提出“一核五特色园区”的沿江海洋科技创新发展示范带、“一核两产业组团”的沿海蓝色经济高质量发展隆起带，通过“以大通州湾战略全面推进向海发展”“海工装备、高技术船舶重点研发方向”等专栏论述，详细阐述沿江沿海两条发展带的建设内容、主导方向。在深化海洋经济创新发展方面，明确海洋船舶工业和海洋工程装备制造业、海洋可再生能源利用业等优势产业的攻关环节；在服务构建开放合作新格局方面，明确东西双向开放、联通国内国际循环的特色定位；在海洋生态文明建设、海洋经济共享发展方面，明确新时期海洋绿色发展的机制体制

续表

地区	主要内容
盐城	围绕国家海洋经济绿色发展先行区、长三角北翼海洋新兴产业发展高地、东部沿海美丽湿地生态休闲旅游目的地的三大战略地位，坚持全域一体、陆海统筹、河海联动、人海和谐，突出港口、产业、城镇联动发展，促进海域、海岸带及腹地一体化开发，内陆航道与沿海港口互连互通，推进海陆资源要素优化配置，加速产业转型升级和集聚发展，构建“四区引领、三带联动、全域协同”的海洋经济发展总体空间格局。充分发挥盐城风电产业基础优势和海上风电场资源优势，着力推动风场开发、风电装备研发制造、风场运营维护三位一体，加快研发、制造、运维、检测全产业链发展，构建相互协作、功能错位、上下游企业相互配套的产业链条
连云港	进一步推进港、产、城、海融合，优化海洋经济空间布局。落实“沿海更要向海”要求，坚持人海和谐、陆海统筹、山海联动，全力打造环海州湾蓝色经济腾飞带，高质量建设连云、徐圩、赣榆、灌河四个临港产业圈，建设东陇海海洋经济辐射拓展轴，培育连淮宁海洋经济辐射拓展轴，构建“一带贯穿、四圈聚力、两轴辐射”的海洋经济发展格局，形成港、产、城、海深度融合发展的海洋经济新空间。加快新旧动能转换，构筑现代海洋产业体系。例如，拓展强化水产品流通渠道，提升网络电商、直播带货等营销能力，探索建立“一带一路”沿线国家（地区）海产品综合性交易市场等贸易平台；科学控制限养区养殖规模，逐步推动海水养殖向深远海养殖为主转变；高品质建设海州湾现代渔业示范园，推进青口港建设国家级渔港经济区，纵深发展藻类、贝类、鱼虾等传统海产品养殖、加工、运销一体化产业链，积极构建结构合理、相互协同、优势突出的现代海洋产业体系

续表

地区	主要内容
南京	打造向海发展、陆海统筹的海洋经济示范城市，打造产学研用协同融合的海洋经济创新高地，打造服务全省、辐射内陆的海洋经济服务平台。全力打造“一带驱动、多片集聚、全域协同”的海洋经济空间布局。“一带驱动”就是形成以长江为轴的海洋经济发展带；“多片集聚”即打造多个海洋产业集聚片区，形成地区性海洋产业集群，如依托国家级南京经济技术开发区、龙潭综合物流园等，建设南京港口型（生产服务型）国家物流枢纽；“全域协同”即创新陆海统筹发展机制，鼓励引导全市域更多企业向海洋产业进军，支持有条件的园区设立、打造主题海洋产业园。大力发展江海联动的海洋交通运输业，大力打造陆海统筹的海洋先进制造业，大力培育向海发展的海洋现代服务业
无锡	着力打造江苏省海洋先进制造业基地、长三角海洋科技创新高地、江海联运中转枢纽及物流中心。坚持陆海统筹、江海联动，加快构建“一轴联通，双带驱动，两核引领，全域协同”的海洋经济发展格局。大力发展海洋交通运输业，进一步优化港口布局，加快既有码头设施的改造升级，完善多式联运物流网络，强化江阴港作为多式联运综合交通枢纽的服务能级。继续发挥制造业优势，大力发展海洋工程装备、高技术海洋船舶、涉海设备与材料等海洋优势产业，积极培育海洋药物和生物制品业等新兴产业，加快中船海洋探测技术产业园建设，打造具有全球竞争力的海洋感知与水下通信产业集群。持续提升海洋科技创新能力，结合太湖湾科创带建设，以深海技术科学太湖实验室为核心，积极争创深海前沿领域国家实验室布局无锡，加强海洋核心装备和关键共性技术攻关，不断提高海洋科技成果转化率，推动海洋经济发展量质齐升

续表

地区	主要内容
常州	全面实施江河海联动、科技创新驱动、装备制造引领、优势产业领先四大海洋经济发展战略，明确科学发展“3”类优势产业，培育发展“2”类涉海新兴产业的“3+2”发展定位。打响涉海设备及配件产业品牌，推动海水淡化装备产业链发展，延伸发展船舶与海工电线电缆，稳固集装箱知名制造基地地位，打造涉海装备制造名城；领先发展海洋防腐涂料，加快发展涉海焊接新材料，拓展涉海碳纤维石墨烯新材料，建设涉海新材料应用示范基地；提升发展江河海联运交通运输业、突破发展江河湖海一体化旅游业、稳定绿色集聚发展游艇游船制造业，推进涉海传统产业提档升级；培育发展海洋生物医药产业，新兴海洋装备制造业；理清海洋经济总体布局优化思路，明确相关重点产业集聚发展要求，实现布局优化与集聚发展的目标
苏州	全面推动苏州重点海洋产业规模化发展、产业链化发展、集聚化发展，更大力度地推进苏州海洋经济拓产业、上规模，不断提升苏州海洋经济总量，形成千亿级的海洋经济规模，打造成千亿级海洋经济名城；发挥苏州科技教育优势，推动海洋科技创新建设，努力将苏州建设成为全国一流的涉海装备制造业创新高地、全国一流的海洋生物医药业创新高地、全国一流的涉海新材料创新高地；充分发挥苏州市装备制造业领先发展的优势条件，大力发展海洋工程装备、海洋光纤与电缆、涉海 LNG 低温储罐、涉海设备及部件、海洋船舶制造和海水淡化装备等涉海装备制造业，提升涉海装备的整体竞争力和国际影响力，建成全国一流的涉海装备制造基地；进一步推动江河海联运交通运输功能，深度融入江河海联运体系，加强与上海港、洋山港、宁波舟山港、长江上游港口、江南运河等内河港口的联动对接，大力发展近洋运输，积极开拓远洋运输航线，建成全国最重要的江海联运枢纽

续表

地区	主要内容
扬州	全面推动扬州船舶制造业规模化发展、产业链化发展、产业集聚化发展，更大力度地推进船舶产业集群建设，形成增加值百亿级的产业规模，打造成为全国知名的船舶产业制造名城；全面推动扬州涉海电线电缆规模化发展、创新化发展，提升特种电线电缆占比，适应海洋经济发展不断走向深远海的要求，打造成为全国重要的涉海电线电缆制造业基地；进一步推动江河海联运交通运输功能，深度融入江河海联运体系，加强与上海港、洋山港、京杭大运河上游内河港的联动对接，大力发展内河转港运输、近海运输，积极开拓远洋运输航线，打造成为长江重要的江河海联运枢纽；突出“高端化、特色化、品牌化、集聚化”，围绕现代海洋产业体系建设，巩固船舶制造和涉海电线电缆产业集群，着力打造海洋工程装备、涉海设备制造产业集群
镇江	坚持“6+3+2+1”海洋经济发展定位，全面实施江海联动发展战略、创新驱动发展战略、长三角一体化发展战略、优势产业领先发展战略和船海产业链拓展发展战略；促进镇江海洋产业规模化、产业链化、集群化发展，将镇江发展成为沿江海洋经济特色鲜明、重点海洋产业国内有影响力的现代海洋产业城市。重点发展涉海设备制造业（船舶海工配套业）、海洋船舶制造业、海洋工程装备制造业、江海联动交通运输业、海洋科教服务业和江海联动旅游业，形成“六业并举”的发展格局；重点发展涉海管桩产品、涉海工程电气产品、LNG 加注接收站（项目）；打响全国知名的船舶海工及其配套产业品牌和全省重要的海洋科教服务业品牌；发挥好镇江江海联运交通运输业对镇江海洋经济发展的带动力

续表

地区	主要内容
泰州	打造具有泰州特色、彰显江海联动优势的沿江海洋经济创新带，以龙头企业为引领，推动优质涉海企业向开发园区集聚，突出点轴开发，构建“一带、五区”的海洋经济空间格局，引导海洋经济转型升级和集聚发展，争创省级海洋经济发展示范区。“一带”，即打造沿江海洋经济创新带，实现布局成带成片、港口成组成列、产业成群成链。统筹谋划沿江外向型海洋经济创新带，包括以船舶制造为国际纽带，加强与全球海洋经济的联系，提升国际航运和国际贸易服务质效；以港港战略联盟为合作纽带，实现更高层次的江海联动；以跨江融合发展为区片纽带，加速集聚发达地区海洋创新要素。“五区”，即培育海洋经济重点发展区，包括靖江船舶及配套产业集聚区、泰州港海运与物流产业集聚区、泰兴海洋制造业产业集聚区、姜堰涉海设备制造业集聚区、医药高新区海洋生物产业集聚区

2. 高站位谋划海洋强省建设

2021年11月30日，江苏省委、省政府印发实施《中共江苏省委 江苏省人民政府关于发展海洋经济加快建设海洋强省的实施意见》，全面贯彻落实党中央、国务院关于发展海洋经济建设海洋强国的决策部署，提出建设海洋空间布局合理、海洋科技创新领先、海洋产业结构优化、海洋生态环境优美、海洋开放合作层次高、海洋经济实力强的海洋强省，并从优化海洋经济发展空间布局、构筑海洋科技创新体系、扩大海洋全面开放合作、健全海洋基础设施网络等方面提出具体举措、明确任务分工。

3. 扎实开展海洋经济监测评估

认真落实国家《海洋经济调查统计制度》，组织开展全省域海洋经济调查统计，加强监测数据以及统计核算数据分析，开展季度、年度海洋经济发展评估，编制季度、年度海洋经济运行情况报告和月度海洋经济信息参考，发布年度海洋经济统计公报。结合江苏海洋经济实际情况和统计、核算需求，组织编制《江苏省海洋经济统计调查制度》（报批稿），已依法报请统计部门审批。开展市级海洋经济核算，完成13个设区市2015—2019年海洋生产总值核算并反馈各地区，实现市级核算工作全省覆盖。强化与行业协会、产业链上下游企业和科研院所联系，深入实施重点企业联系制度，推荐涉海企业参与海洋中小企业投融资和科技成果在线路演活动。

4. 有序推进海洋经济活动单位名录更新工作

构建省、市、县自然资源主管部门三级联动机制，扎实开展全省海洋经济活动单位名录更新工作。编制《2021年江苏省海洋经济活动单位名录更新实施方案》和《2021年江苏省海洋经济活动单位名录更新工作指导手册》，协调江苏省统计局共享第四次经济普查数据基本名录库，结合江苏省第一次全国海洋经济调查成果，指导各设区市按照《海洋及相关产业分类》（GB/T 20794—2021）开展2021年度海洋经济活动单位名录更新工作，形成全省海洋经济活动单位基本名录库、直报名录库和重点名录库，奠定全省海洋经济综合监测、统计核算和评估信息基础。

第三节　海洋科技创新

1. 持续推进重大平台建设

江苏省实验室——深海技术科学太湖实验室启动建设，以促进深海可持续开发利用和海洋安全重大需求为导向，集聚国内优势科研力量，积极打造深海技术国家战略科技力量，将陆续启动深海环境综合模拟试验装置、多物理场耦合环境模拟设施等关键试验能力建设，形成世界集成规模最大的海洋装备总体性能与总体技术试验设施群，加快突破深海核心装备的关键技术。自然资源部滨海盐沼湿地生态与资源重点实验室获批建设，开展滨海盐沼湿地演化与生态安全、环境动力过程、资源保护与管理研究，填补江苏海洋方面自然资源部重点实验室空白。科技部、教育部认定江苏海洋大学国家大学科技园，瞄准海洋医药、海洋信息、智能制造等开发应用，打造综合性双创平台。布局建设江苏省海洋生物资源与环境重点实验室、海洋工程装备重点实验室、船海装备智能制造工程技术研究中心等一批省级海洋科技创新平台，新建南通通州湾海洋工程装备、连云港海州湾深远海养殖和远洋捕捞、盐城海洋再生能源技术等3个省技术创新中心，围绕海洋产业发展，强化海洋领域关键技术和自主装备研发。筹建江苏省海洋资源开发技术创新中心，围绕海洋生物技术、海洋装备技术、海洋电子信息技术三大领域，打造全国海洋科技成果的转化基地和海洋战略性新兴产业的产业集群。2021年4月成立的江苏射阳港风电产业研究院，承担海上可再生能源实证示范基地建设任务，瞄准大兆瓦级风机、漂浮式装备、海上牧场“三个方向”，聚焦大兆瓦级风机、漂浮式光伏及风电、柔性直流输电“三大核心”技术，建设可再生能源技术研发、质量检测、试验认证“三个中心”，致力打造风电产业先进的技术研发平台、权威的公共服务平台、高端的人才培养平台。

2. 加强原始创新和关键技术攻关

世界级海洋工程装备先进制造业集群加速培育，以造船为代表的海洋船舶与海工装备企业坚持“差异竞争、错位发展”，开展关键技术攻关，在细分市场领域取得重要突破，取得一批技术创新成果，海洋产业链中高端自主创新战略产品不断涌现。招商局重工（江苏）有限公司的船舶海工管子智能制造车间和连云港中远海运特种装备制造有限公司的LNG罐箱智能制造车间成功入选2021年江苏省智能制造示范车间。江苏亚星锚链股份有限公司全球首制R6级海洋系泊链交付，招商工业海门基地“深蓝探索”平台获DNV Smart智能船级符号，中船澄西船舶修造有限公司首艘双机双桨全电推26 000吨自卸船下水。中海油自主研发设计的6座全球最大容积LNG储罐在盐城滨海港工业园区开工建造，超大容积LNG储罐设计及建造技术实现突破。南通中远海运川崎船舶工程有限公司“2万箱级超大型集装箱船绿色、智能、安全关键技术研究与应用”获得2021年度中国航海科技一等奖，持续引领国内集装箱船大型化发展方向。新技术新产品加速转化，19项高技术船舶和海洋工程领域的新技术新产品列入《省重点推广应用的新技术新产品目录》，54个海工装备和高技术船舶领域新产品研发、标准领航等项目列入《江苏省重点技术创新项目导向计划（2021年）》。

第四节　海洋经济创新示范建设

南通市持续推进海洋经济创新发展示范，主动融入长三角科技创新共同体，集聚高端科技创新要素，高水平建设南通沿江科创带。推进重点实验室、新型研发机构和科技公共服务平台建设，深化共建省船舶与海洋工程装备技术创新中心。出台创新生态“萤光涌现”计划，完善南通沪苏跨江融合发展试验区建设方案，江苏自贸区苏州片区苏锡通园区联动创新区12项复制案例、8项推广案例成功落地。持续提升印尼东加里曼丹岛农工贸经济合作区、中意（海安）生态园、中奥苏通生态园开放合作层次。

盐城市有序推进海洋经济发展示范区建设，“一区两片”建设取得阶段性成果。东台片区探索沿海滩涂生态保护和绿色发展新模式，条子泥生态修复项目建成国内第一块高潮位候鸟栖息地，被列为“生物多样性100+全球特别推荐案例”；上海电气风电设备东台有限公司入选工业和信息化部2021年度绿色制造名单，获评国家级“绿色工厂”；利用良好生态环境，大力发展大健康产业，示范区内已引进大健康产业42家。滨海片区持续推进废弃盐田集约节约化利用，滨海港工业园区升级为黄海新区，着力打造海洋经济发展新高地和淮河生态经济带出海门户；滨海港铁路支线启动建设，凯金锂电池项目顺利开工，中海油一期600万吨LNG项目基本完成，滨海600公顷海上牧场项目前期准备工作已经就绪。

连云港市聚焦打造“一带一路”标杆示范项目，全面统筹海洋经济发展示范区建设。发挥陆海统筹优势，立足国内国际双循环，紧盯国际物流深化发展趋势，全力提升港口枢纽功能和贸易便利化水平。一是畅通陆海联运，加快建设“国际枢纽海港”，织密以新亚欧大陆桥为轴心的物流链网，不断扩大“腹地版图”。二是实现中欧班列突破，组成以连云港港为出海口、中哈物流基地和霍尔果斯—东门无水港为中转平台、班轮航线和中欧班列为运输载体的港、航、路、园陆海全程物流合作体系。三是推进合作交流，引进新加坡丰树仓储物流、鑫港海外高标仓等国际物流项目，实现陆桥牵手共赢。

第五节　财政金融支持海洋经济发展

1. 政策引导财政金融支持

2021年8月，江苏省政府办公厅印发《江苏省“十四五”金融发展规划》，提出强化金融对沿海地区高质量发展要素保障，推动释放金融资源跨江联动、江海融合潜在优势。鼓励金融机构对沿海生态风光带、滨海风貌城镇带、高质量发展经济带等沿海高质量发展增长极加大金融支持，鼓励证券期货经营机构和私募股权基金管理人依法合规参与设立海洋产业子基金，创新适应沿海生态系统修复与建设、陆海污染一体化治理、海洋新兴产业和绿色临港产业发展等需求中长期金融资金投入机制。

推进金融领域改革创新，积极申请开展合格境内有限合伙人（QDLP）对外投资试点，成功获批50亿美元试点额度。《江苏省合格境内有限合伙人对外投资试点工作暂行办法》《江苏省合格境内有限合伙人对外投资试点工作实施细则》印发实施，鼓励在自贸试验区开展先行先试，推动其率先在金融领域改革创新。

2. 积极拓展多元化融资渠道

发挥江苏省综合金融服务平台作用，有效整合企业征信服务、金融机构绿色服务通道、各类融资扶持政策，强化银企对接，畅通沿海地区企业金融服务渠道，提供网络化“一站式”金融服务。截至2021年底，江苏省综合金融服务平台累计帮助沿海地区24 519户企业（南通9 273户、盐城6 094户、连云港9 152户）获得贷款授信1 355.62亿元（南通799.25亿元、盐城388.40亿元、连云港167.98亿元）。

贯彻江苏省政府《关于进一步提高上市公司质量的实施意见》，加快沿海地区上市公司培育步伐，拓宽直接融资渠道。截至2021年底，江苏沿海地区新增上市企业12家（南通10家、连云港2家），募集资金总额111.04亿元（南通94.66亿元、连云港16.38亿元）；江苏沿海地区累计发行债券517支（南通230支、盐城196支、连云港91支）、发行规模2 918.49亿元（南通1 484.02亿元、盐城916.28亿元、连云港518.19亿元）。

第六节　海洋资源管理和生态文明建设

1. 强化海域使用管理

根据自然资源部统一部署，启动江苏省海岸带综合保护与利用规划（2020—2035）编制，开展陆海功能协调、空间资源利用、生态保护修复、典型生境调查等10个重大专项课题研究[①]。推进围

① 江苏省海岸带综合保护与利用规划（2020—2035）10个重大专项课题具体情况参见http://zrzy.jiangsu.gov.cn/gggs/2021/09/08170443964718.html。

填海历史遗留问题处置，截至2021年底，南通滨海园区三夹沙等5个围填海历史遗留问题处理方案获得自然资源部备案，共涉及图斑43个，面积约3 184公顷。完成海岸线修测，工作成果经自然资源部审核同意后，全国首家通过省政府审批，修测成果为国土空间规划、海岸带保护与利用规划编制提供了基础数据。

2. 深化海洋生态环境保护

在全国率先建立总氮、总磷、化学需氧量入海污染物量化削减机制，实施115项近岸海域污染物削减工程，累计投入资金约55亿元，总氮、总磷、化学需氧量入海年度削减量分别为 1 943吨、178吨和6 080吨。印发实施《江苏省“十四五”美丽海湾试点建设工作方案》，实施“一湾一策”，找准海湾（湾区）、重要岸段突出海洋生态环境问题，加强入海污染源管控和生态环境基础设施建设，推动改善海洋生态环境质量，打造一批生态优美、宜居宜业宜游的高品质亲海空间。盐城市东台条子泥岸段入选全国4个“美丽海湾”优秀案例之一。

3. 加强海洋预警减灾

加强海洋观测站点维护保养，提升海洋预警预报能力，制作发布各类海洋预报产品，为沿海地方政府开展海洋防灾减灾工作提供技术支持和保障。编制《江苏省海洋灾害风险普查工作方案》，有序开展第一次全国海洋灾害风险普查工作。印发《2021—2022年度江苏省浒苔绿潮联防联控工作方案》，安排浒苔防控专项经费7 000多万元，开展浒苔绿潮联防联控工作。清退非法紫菜养殖面积6万亩[1]、压减海洋生态保护区养殖面积9.6万亩；减少养殖筏架近5.6万台，同比下降37.4%，有效控制紫菜养殖规模。

① 1亩≈666.67平方米。

第三章　江苏省海洋产业发展情况

第一节　海洋渔业

实施渔船双控和海洋伏季休渔制度，落实浒苔绿潮联防联控工作要求压减紫菜养殖规模，海洋渔业产量有所下降。2021年，全省海水养殖产量88.1万吨，同比下降4.5%；海洋捕捞产量41.3万吨，同比下降1.1%。海洋渔业转型升级步伐加快，连云港市支持发展深水抗风浪网箱、海上生态大围网、大型智能渔场，鼓励建设集养殖、加工和保藏于一体的养殖工船，加快苗种繁育养殖一体化陆基设施、产品交易集散地建设，形成陆海联动发展新模式。连云港秦山岛东部海域国家级海洋牧场示范区成功获批，全省国家级海洋牧场示范区增至3个。中国渔业协会授予连云港市“中国紫菜之都”称号，共同建设连云港紫菜特色渔业公用品牌。江苏省首个国家级沿海渔港经济区成功落户盐城市射阳县，项目概算总投资约60亿元，规划南起新洋港北至奋套港，打造“一地、两带、三区”功能布局，致力于建成集渔业全产业链和第三产业于一体的现代渔港经济区。

第二节　海洋船舶工业

2021年，国际航运市场呈现积极向上态势，叠加船舶批量更新周期、环保新规、IMO规则规范等多方面因素影响，造船业迎来新一轮复苏周期。江苏省船舶工业企业抓住市场机遇，继续保持较强增长势头，造船完工量、新承接订单量、手持订单量三大指标占全国的市场份额继续保持领先，稳居全国榜首。2021年，全省造船完工271艘、1 642.7万载重吨（图2），同比下降5.2%，占世界市场份额的19.5%，占全国份额的41.2%，其中出口船舶占比93.8%；新承接订单522艘、3 620.8万载重吨（图2），同比增长162.9%，占世界市场份额的29.1%，占全国份额的54.0%，其中出口船舶占比84.2%，相比2019年实现近3倍增长；手持订单771艘、4 839.8万载重吨（图2），同比增长70.6%，占世界市场份额的24.0%，占全国份额的50.5%，其中出口船舶占83.6%。

江苏新时代造船有限公司、江苏扬子江船业集团公司、南通中远海运川崎船舶工程有限公司、中船澄西船舶修造有限公司、招商局金陵船舶（南京）有限公司等骨干船企抢抓难得的市场发展机遇，科学研判市场变化，新承接订单全面回升，主力船企生产任务已排至2024年。各大船企顺应绿色低碳转型趋势，加快科技创新步伐。南通中集太平洋海洋工程有限公司打造的全球首艘5 000立方米双燃料全压式LPG（液化石油气）运输船顺利交付，扬子江船业首制700箱级罐箱甲板船试航，南通中远海运川崎成功交付全球首艘获得CybR-G网络安全符号油轮。

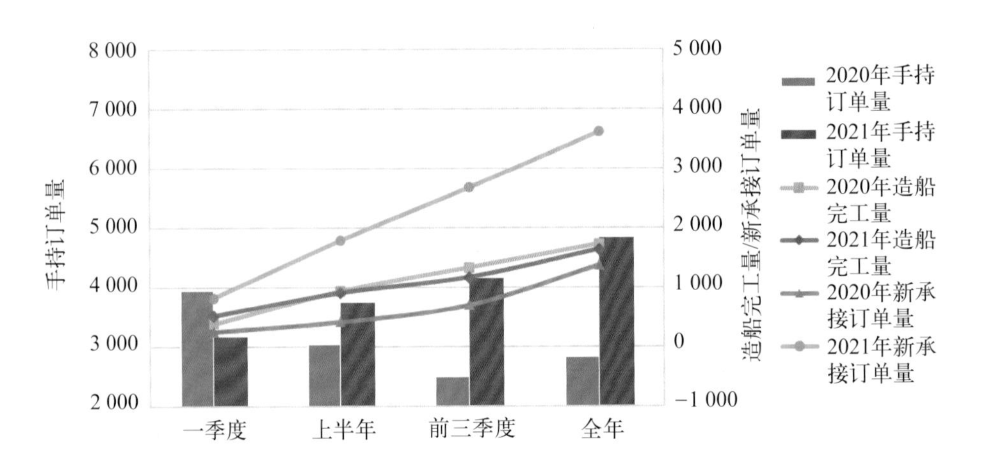

图2　2020—2021年（季度）江苏省三大造船指标（单位：万载重吨）

第三节　海洋交通运输业

2021年，江苏省沿海沿江港口完成货物吞吐量26.1亿吨（图3），同比增长 4.4%。沿海地区高质量发展深入推进，沿海港口货物吞吐量保持高速增长，全年完成货物吞吐量4.0亿吨，同比增长18.8%，其中盐城港完成货物吞吐量1.1亿吨，同比增长41.1%，成为全省沿江沿海增速最快港口。沿江港口中，无锡（江阴）港货物吞吐量增幅较大，同比增长31.7%，达3.4亿吨。在各国疫情限制措施减弱、相继推出经济刺激方案以及大宗商品价格上涨等因素影响下，国际航运市场呈现复苏态势，外贸货物和集装箱吞吐量出现较快增长。全省沿海沿江港口完成外贸货物吞吐量5.9亿吨，同比增长6.7%，其中盐城港、南通港（沿海）分别实现同比53.4%和

27.5%的高速增长，沿江港口中扬州港、镇江港外贸货物吞吐量同比增速均在两位数以上。全省沿海沿江港口完成集装箱吞吐量2 099.1万标箱（图3），同比增长14.4%，其中完成外贸集装箱吞吐量954.0万标箱，同比增长12.2%。

《国家综合立体交通网规划纲要》确定连云港港为国际枢纽海港，开启“千万标箱、东方大港”全新征程。盐城港跨境电商首单业务正式落地，保税物流中心与江苏省产业技术研究院两岸产业促进中心签订战略合作协议，在跨境电商、仓储运输、供应链科技等领域开展合作。通州湾吕四起步港区通用码头运营，对优化通州湾作业区港口布局、降低物流运输成本、带动沿海临港工业和港口物流业集群发展发挥重要作用。长江流域首个堆场全自动化码头——太仓港集装箱四期码头工程启用，集装箱年通过能力提升至635万标箱，进一步完善了长三角区域集装箱运输体系。

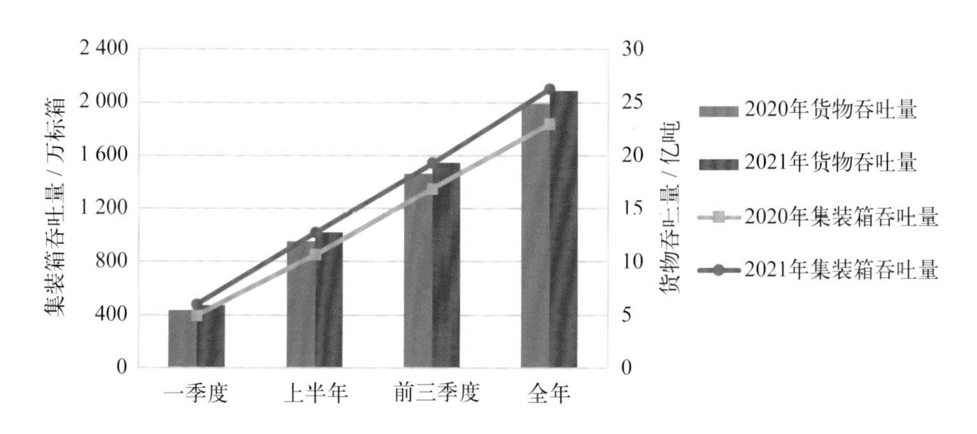

图3 2020—2021年（季度）江苏省沿海沿江港口货物及集装箱吞吐量

第四节　海洋旅游业

疫情对旅游市场影响依然较大，但呈减弱趋势，游客出游信心逐渐增强。受制于各地疫情防控政策以及疫情反复影响，散客化、自由行成为文旅行业新的发展方向。2021年，沿海三市接待国内游客1.06亿人次，同比增长43.1%；接待入境过夜游客6.02万人次，同比下降55.4%（图4）；国内旅游收入1 401.9亿元，同比增长66.4%。连云港市印发《连云港市沿海发展2021年行动方案》，旅游业方面聚焦推进滨海风貌塑造，加快建设国际化滨海美丽名城，打造国际知名的海洋休闲旅游目的地；在兰州、西安、郑州等高铁沿线城市举办“大圣故里 乐见西游”连云港文化旅游推介及交流活动，联动四地西游文化交流，推动东中西文旅共同发展。盐城市成功举办“向海发展 赋能未来”中国盐城投资环境说明会暨丹顶鹤国际湿地生态旅游节，开幕式现场31个项目成功签约，计划总投资1 245亿元；中国黄海湿地博物馆完工，奠定打造国际湿地生态旅游目的地基础。南通市制定《南通市沿江沿海生态景观带建设实施意见》，积极推动沿江沿海文旅项目顶层设计和项目布局，打造层次鲜明、内涵丰富的生态景观带；2021中国南通江海国际文化旅游节、南通文化旅游（日本）推介会、南通文化旅游（澳门）推介会成功举办，8个旅游项目获2021年度省文化和旅游发展专项资金（第五批）扶持。

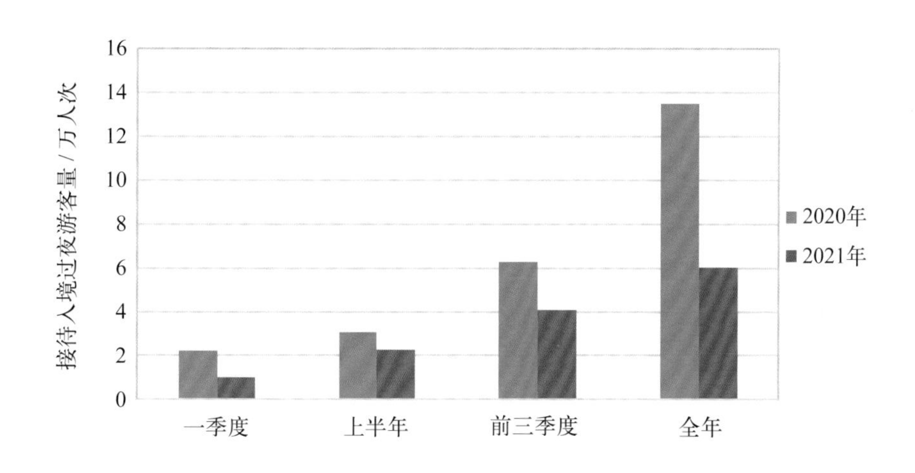

图4 2020—2021年（季度）江苏省沿海三市接待入境过夜游客量

第五节 海洋工程装备制造业

2021年，国际海洋油气市场恢复依然乏力，受市场需求低迷、能源结构调整等不利因素影响，海洋工程装备制造业延续重大结构性调整态势。江苏积极推动海洋科技资源集聚和成果转化，加快海洋工程装备制造业由“制造”到“智造”转变，不断延伸加固产业链条。润邦股份子公司润邦海洋“超大型智能化海上风电安装作业平台”、招商局重工（江苏）有限公司“经济型半潜式高效中深水钻井平台”等项目获江苏省首台（套）重大装备认定。招商工业自主开发、招商工业海门基地建造的中深水半潜式钻井平台“深蓝探索”获得挪威船级社全球首个Smart智能船级符号，该平台拥有超高强度系泊链、高效钻井系统集成应用等多项国内和全球首制创新技术。镇江牵手上海举办镇江海工装备产业（上海）招商会，推进海工装备产业发展，其中5个产业投资项目总投资超14亿元。

2021年为海上风电补贴电价最后一年窗口期，海上风电企业加速海上风电项目装机并网，海上风电建设热潮带动风电安装船等海上风电工程装备需求量大幅增长。同时，风电叶片、塔筒、法兰、特种电缆等海工配件产量增长迅猛，但铜、钢材等原材料以及海上风机吊装价格上涨导致成本上升，海上风电设备制造企业仍面临降本增效压力。启东中远海运海工N966自升式风电安装船项目主船体基本成型。远景能源EN-161/5.2兆瓦海上智能风机在启东800兆瓦海上风场全部吊装完成。

第六节　海洋药物和生物制品业

持续挖掘海洋药物和生物制品业发展潜力，实施重点海洋生物医药企业专利导航工程，强化“产学研”深度融合。瞄准海洋药物和生物制品领域高端科创成果，招引小微科创项目，超前介入、全程培育、精心孵化，加大海洋药物和生物制品业培育力度。2021年海洋药物和生物制品业增加值达到68.5亿元，比上年增长11.9%。南通市海门东布洲科学城成功招引海洋寡糖类新药研发项目，成立海糖（江苏）生物医药有限公司。2021年11月，江苏省药学会、上海市药学会、浙江省药学会联合主办，南京中医药大学、江苏省海洋药物专业委员会承办的第九届长三角海洋生物医药国际论坛暨江苏省海洋药物专业委员会2021年度工作会议在南京中医药大学召开，会议学术影响力广泛，对长三角地区海洋生物医药研究开发以及全国海洋生物医药产业发展起到重要推动和引领作用。

第七节　海洋电力业

海洋电力业加速发展，产业规模稳步增长。2021年，全省海上风电累计装机容量超过千万千瓦，达1 183.5万千瓦，同比增长106.7%，规模为国内最大，占据全国“半壁江山”；海上风电发电量达185.5亿千瓦时，同比增长65.6%（图5）。南通规划建设的20个风电项目全部顺利完工，平均建设工期仅为6.8个月。如东11个海上风电项目全部并网发电，建成亚洲最大海上风电场。启东H3号海上风电项目最后一台风机顺利安装，标志着我国单体容量最大海上风电项目首个标段主体工程顺利完工。三峡新能源江苏大丰H8-2海上风电项目实现首批机组并网发电，我国离岸最远的海上风电项目取得阶段性成果。江苏沿海第二输电通道工程整体建成投运，两条沿海输电通道全部建成，打造智能化电网控制平台，对海上风力发电实现精准预测，提升海上风电输送能力和海上风电利用水平。2021中欧海上风电产业合作与技术创新论坛在盐城召开，以“中欧海上风电合作助力碳达峰碳中和”为主题，为中欧双方讨论海上风电平价之路、千万千瓦级海上风电基地与深远海示范项目建设等热点议题提供重要平台。

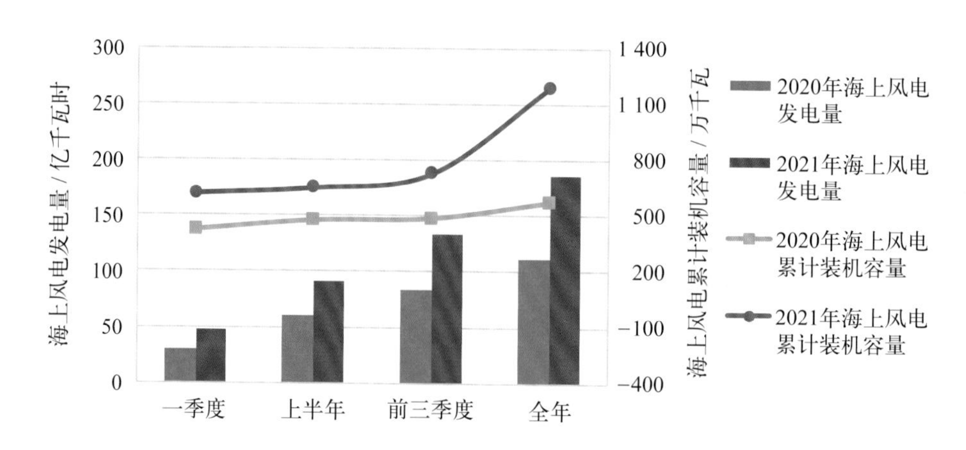

图5　2020—2021年（季度）江苏省海上风电装机容量及发电量

第八节　海水淡化与综合利用业

2021年，江苏省海水淡化产量达到1.3万吨，同比增长26.5%（图6）；海水直接利用量135.84亿吨，同比增长10.4%。在中俄两国元首共同见证下，运用海水循环降温技术的田湾核电站7号、8号机组正式开工，建成投用后，将成为全球装机容量最大的核电基地。江苏丰海新能源淡化海水发展有限公司为马尔代夫设计制造的5套“集装箱式新能源海水淡化成套设备”启运，系统采用新能源智能微网耦合技术，每套设备日产水量可满足岛上2 000多人日常用水需求，标志着新能源海水淡化设备的设计研发和生产安装能力达到国际标准要求，国际市场业务拓展有了跨越式提升。江苏省政府办公厅印发的《江苏省“十四五”水利发展规划》提出“加强雨水、中水、海水等非常规水源利用项目建设”，江苏省发展和改革委员会等五部门印发的《江苏省“十四五”节水型社会建设规划》明确稳健发展海水利用，要求沿海地区要结合实际制订海水直接利用及海水淡化年度工作计划，将海水淡化水纳入区域水资源规划和水资源统一配置，推动建设一批海水淡化示范工程和海水淡化利用示范工业园区。

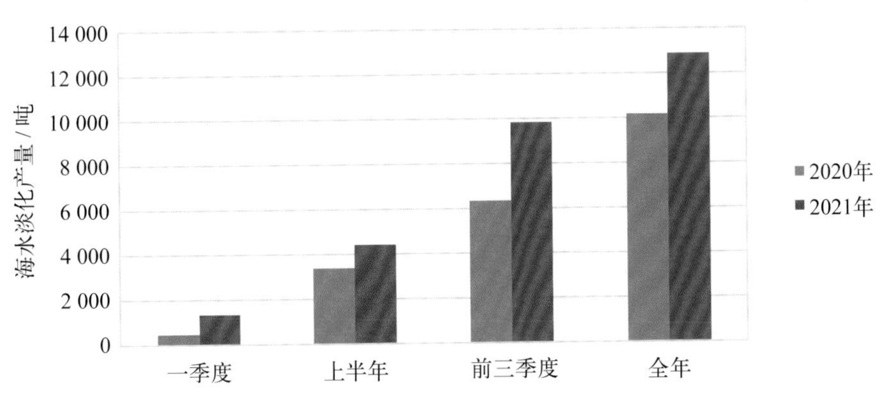

图6 2020—2021年（季度）海水淡化产量

第二篇　区域篇

第四章　沿海地区海洋经济发展情况

第一节　南通市

2021年，南通市充分发挥国家重大战略叠加优势，深入实施陆海统筹、江海联动，不断推动海洋经济高质量发展，发展基础不断巩固、市场信心逐步回升，海洋经济发展态势总体保持平稳向好。

1. 2021年海洋经济发展情况

（1）海洋经济总体运行情况

据初步核算，2021年，南通市实现海洋生产总值2 435.3亿元，同比增长9.6%，增速较上年度（5.9%）上升3.7个百分点，海洋经济整体呈现回稳趋势。从三次产业来看，海洋第一产业增加值207.0亿元，同比降低1.9%；海洋第二产业增加值1 212.8亿元，同比增长9.4%，对全市海洋经济增长贡献率为48.8%，拉动全市海洋生产总值增长4.7个百分点；海洋第三产业增加值1 015.5亿元，同比增长12.6%，对全市海洋经济增长贡献率为53.1%，拉动全市海洋生产总值增长5.1个百分点。

（2）海洋产业发展情况

海洋渔业稳定发展。2021年，海洋渔业生产总体平稳，企业生产经营持续稳定恢复，实现增加值189.5亿元，同比增长7.0%。其中，海洋捕捞产量22.6万吨，同比增长1.9%；海水养殖产量35.7万吨，比上年增长2.3%；远洋渔业产量1.2万吨，比上年增加2 000吨，占全省总产量100%。持续推进渔业生产安全，稳定海洋渔业养殖面积，充分发挥渔业产业联盟的全产业链优势，示范推动现代渔业绿色发展转型升级。

海洋船舶工业创新转型。2021年，海洋船舶工业增加值实现125亿元，同比下降8.3%。船舶企业紧扣全球船舶工业复苏风口，以国内主导优势为切入点，积极拓展国际国内造船市场，全年新承接船舶订单量431.3万载重吨、手持船舶订单量742万载重吨，同比分别增长31.9%、30.2%。世界最大20 000立方米LNG运输加注船、国内最大打桩船“一航津桩”“海洋探险号”和“海洋胜利号”极地探险邮轮顺利交付。

海洋交通运输业快速增长。南通市以新出海口建设、大通州湾战略为突破口，快速构建“海运直达、江海转运、内河集散、海铁联通”高效综合集疏运体系，推进公铁水多式联运，起步港区10万吨级通用码头启用，主体港区一期通道完成交工预验收，主体港区三港池码头开工建设。2021年，海洋交通运输业增加值实现184.3亿元，同比增长21.7%。南通港累计完成货物吞吐量3.1亿吨，集装箱首次突破200万标箱，同比增长6.4%。

海洋旅游业全面复苏。在做好疫情防控的同时，南通市立足江风海韵人文特色，持续扩大文旅基础设施建设投入、特色旅游产业培塑。2021中国南通江海国际文化旅游节、南通文化旅游（日本）推介会、南通文化旅游（澳门）推介会成功举办，全市8个旅游项目获2021年度江苏省文化和旅游发展专项资金（第五批）扶持。全年海洋旅游业增加值实现199.4亿元，同比增长9.2%。全年接待国内游客4 319万人次，比上年增长76.4%；国内旅游收入618亿元，同比增长45.5%。

海洋工程装备制造业强势推进。立足外部产能压减、内部行业更新，南通市持续提升海洋工程装备产业链供应链现代化水平，引导海洋船舶工业企业拓展海洋工程装备制造业务，海上风电设备产业保持快速增长。2021年，海洋工程装备制造业营业收入实现412.2亿元，同比增长47.7%。中天海缆、润邦海洋等企业7个高端装备入围2021年江苏省首台（套）重大装备，招商局重工南通海门基地制造的全球首艘智能型深水半潜式钻井平台“深蓝探索”入列中海油成功开钻，具有完全自主知识产权的亚洲首座、世界最大海上换流站——三峡如东海上风电柔性直流输电工程海上换流站项目正式投运。

海洋电力业乘势而起。深入推进南通风电产业之都三年行动计划，全年海洋电力业增加值实现26.9亿元，同比增长31.6%。海上风电装机容量突破599万千瓦，同比增长 183.3%；海上风电发电量突破66.2亿千瓦时，同比增长86.2%。亚洲最大海上风电场如东海上风电场实现全容量并网投产，创下同年并网单体项目数量最多、容量最大两项纪录。

2. 2021 年重点举措

（1）突出规划引领，系统谋划海洋经济发展

科学编制《南通市“十四五”海洋经济发展规划》，深化富有江海特色的海洋中心城市建设内涵和目标，谋划沿江“一核五园区”、沿海“一核两组团”江海特色海洋发展格局，锚定海洋经济发展方向，构建现代海洋产业体系。按照“生态优先、带圈集聚、腹地开阔”空间布局思路，编制《南通市沿海空间布局规划》，提出打造沿海自然和谐的生态带、构建令人向往的风光带、建设高质量发展的经济带。

（2）突出课题研究，探索海洋产业特色发展路径

立足全局展望长远，围绕优势产业和重点领域，开展船舶海工世界级先进制造业集群、海洋信息产业集群和南通海上风电发展指数专题研究，形成船舶海工集群发展路径、海洋信息产业集群发展路径和长三角·南通海上风电发展指数研究成果，为海洋特色产业集群争创标杆示范理清思路、指明方向。

（3）突出运行监测，夯实海洋经济监测能力

完善海洋经济运行监测体制机制，严格落实海洋经济统计报

表制度和海洋生产总值核算制度，加强与海洋产业主管部门横向对接和数据共享，扎实推进海洋经济运行监测与评估工作，做好半年度、年度海洋经济基础数据统计。建立涉海企业联系制度，开展2021年度海洋经济活动单位名录更新工作。

（4）突出要素保障，服务海洋经济高质量发展

立足通州湾新出海口建设、苏沪融合发展、大通州湾建设，实施重特大项目用地用海报批“绿色通道”，实现沿海地区重大基础设施和重大产业用地用海“应保尽保”，推动全市海洋经济高质量发展。通州湾新出海口主体港区新增围填海工程取得突破性进展，小庙洪上延航道、通州湾港区三港池1#～3#码头工程、洋吕铁路疏港段等39宗建设用海项目获批，总面积3.3万余亩，拉动总投资超300亿元，获批建设用海面积全省第一。

（5）突出科研教育，促进海洋经济创新发展

支持南通大学设立涉海特色专业，推动南通理工学院拓展涉海专业，拓宽高校海洋教育覆盖面，为海洋经济高质量发展提供人才支撑。持续提升海洋产业科技创新能力，南通中远海运川崎船舶工程有限公司工业设计中心获评第五批国家级工业设计中心，成为船舶行业首个拥有国家级工业设计中心的企业。江苏航运职业技术学院“基于产教深度融合模式的船舶工程技术专业现代学徒制研究与实践”获评全国船舶工业职业教育教学成果奖一等奖。

（6）突出保护修复，改善海洋生态环境质量

长江入海口启东段国土空间生态修复工程通过省级验收，实施的海岸带生态廊道建设、海岸线生态化整治修复、滨海滩涂湿地修复和近岸海域典型生态系统修复，提升了该区域生态环境质量。扎实开展浒苔联防联控工作，清退非法紫菜养殖，严控养殖规模，筏架数量比上年度压缩近30%，推广应用养殖筏架新材料新工艺，取得良好防藻效果。

第二节　盐城市

2021年，盐城市抢抓长三角一体化发展、海洋强省建设、淮河经济带建设等战略机遇，坚持陆海统筹发展理念和“两海两绿”发展路径，着力做大做强海洋新能源等海洋新兴产业，着力推进海洋经济示范区建设，全力推动海洋经济高质量发展。

1. 2021 年海洋经济发展情况

（1）海洋经济总体运行情况

据初步核算，2021年，盐城市海洋生产总值实现1 335.1亿元，比上年增长9.86%，占全省海洋生产总值的比重为14.4%。海洋经济三次产业结构为13.0∶43.9∶43.1。

现代海洋产业体系不断完善。以海洋新能源、海洋生物、海工装备、海水淡化为主导的海洋战略新兴产业发展迅速，海上风电场建设和风电装备制造产业领跑全国。远景能源、金风科技、上海电气、中车电机等全国风电产业领军企业均在盐城市设立生产基地。海洋生物产业园集聚了明月海藻、赐百年螺旋藻、浩瑞生物等一批海洋生物科技产业化项目，海洋生物产业发展初具规模。港口物流、滨海旅游等涉海服务企业加快发展，省级示范物流园数量全省第三，条子泥、黄海森林公园、月亮湾等一批沿海景区正在吸引越来越多的国内外游客。

海洋基础设施功能日益健全。淮河生态经济带出海门户建设加快推进，盐城港建成万吨级以上泊位24个，4个港区全部成为国家一类开放口岸。连盐铁路、徐宿淮盐铁路、盐通高铁建成通车，已实现沿海县县通高速。滨海港铁路支线、大丰港铁路支线加快建设。

海洋发展平台建设取得突破。长三角一体化产业发展基地、沪苏大丰联动集聚区加快建设，全面融入长三角一体化发展。以滨海港工业园区为核心的河海联动开发示范区建设全面启动。盐城海洋经济示范区“一区两片”建设加快推进，海上风电、海洋生物、海水淡化、海洋特种装备等一批特色涉海产业园区成为盐城市海洋经济发展的重要载体。

海洋科技创新能力持续提升。国家科技兴海产业示范基地建设稳步推进，金风科技国家地方联合工程实验室、中车电机国家认定企业技术中心、华能海上风电技术研发中心等10多个国家级、省级科技创新和技术服务平台相继建成。盐城师范学院湿地学院、盐城工学院新能源学院开始招生。

海洋生态环境保护不断深化。黄海湿地遗产地生态修复案例成功入选“生物多样性100 + 全球特别案例”，东台条子泥获评全国“美丽海湾优秀案例”。践行基于自然的生态修复理念，推进退渔还湿和滨海生态修复项目建设。

（2）海洋产业发展情况

海洋渔业。2021年，受沿海退渔还湿、浒苔绿潮防控、乡镇渔船清理等多重因素影响，海水养殖面积减少10.5万亩，拆解乡镇渔船29艘，压减紫菜养殖面积50%，海洋渔业产业增加值114亿元，比2020年减少20亿元，降幅达14.9%。

海洋交通运输业。对外贸易快速复苏，盐城港组建理顺全市港口发展体制，海洋交通运输业发展迅速。2021年，沿海港口累计完成吞吐量1.12亿吨，同比增长35.6%；集装箱吞吐量完成37.5万标箱，同比增长44.5%。

海洋旅游业。纾困扶持政策和旅游消费促进活动推动海洋旅游市场企稳复苏。2021年，盐城市接待国内旅客3 763万人次，比上年增长56.4%，国内旅游收入达453亿元。

海洋工程装备制造业。盐城市建成5个风电装备产业园区，形成风电装备制造全产业链集群，产品涵盖风电装备整机制造，以及轴承、发电机、塔筒及钢管桩、叶片及其他零部件制造等。2021

年，30家规上风电装备企业开票销售收入284.49亿元，入库税收10.26亿元。

海洋电力业。2021年，盐城新能源风力发电量达到113亿千瓦时，同比增长50.6%。新建成投产9个海上风电场、533台风机。第一家市属企业建设的盐城国能20万千瓦大丰H5风电场、第一家中外合资国华风电50万千瓦风电场建成投产。

海水淡化与综合利用业。江苏丰海新能源淡化海水发展有限公司是全省唯一的海水淡化企业，2021年产值超亿元，集装箱式海水淡化设备出口马尔代夫等国家和地区。

2. 2021 年重点举措

编制《盐城市“十四五”海洋经济发展规划》。强化“全市都是沿海”理念，部署构建“四区引领、三带联动、全域协同”的海洋经济发展布局，协同推进沿海地区和非沿海地区海洋经济发展。提出构建现代海洋产业体系，提质发展海洋制造业、升级发展海洋服务业、转型发展海洋渔农业、融合发展海洋数字产业，继续大力发展海上风电产业，提升风电装备制造能力，培育发展风电运维市场。

加快推进盐城海洋经济示范区建设。围绕“探索滨海湿地、滩涂等资源综合保护与利用新模式，开展海洋生态保护和修复”示范任务，加快基础设施建设，推进重大项目落地开工。滨海港工业园区提升为黄海新区，打造盐城市海洋经济发展重要载体。东台市加快推进康养小镇建设，供水一期工程（2021—2025年）全面启动，康养基地建设涉及的海域全部完成回收。

积极推进海洋生态保护。2021年，继续开展浒苔绿潮防控，清理压减非法紫菜养殖1 000多台架，做好筏架除藻工作。盐城市海岸带生态保护修复项目成功入围2022年中央财政支持海洋生态保护修复项目，获中央财政资金3亿元支持，实施射阳县侵蚀海岸的治理和东台盐沼湿地的生态修复。

加强海洋经济运行监测。认真落实海洋经济统计报表制度和海洋生产总值核算制度，开展季报、年报和企业直报工作，编制年度海洋经济发展报告，及时掌握海洋经济发展情况。组织开展海洋经济活动单位名录更新工作，准确掌握涉海企业运行情况，为海洋经济发展奠定基础。

第三节　连云港市

2021年，连云港市认真贯彻落实加快海洋强国建设的战略部署，紧紧抢抓发展机遇，全力做大做强海洋经济，海洋生产总值历史首次迈上千亿元台阶，海洋经济综合实力和竞争力得到显著增强，成为全市经济发展的重要新引擎。

1. 2021 年海洋经济发展情况

（1）海洋经济总体运行情况

据初步核算，2021年，海洋生产总值实现1 047.7亿元，增长13.87%，占地区生产总值的比重为28.1%，占全省海洋生产总值的比重为11.33%。其中，第一产业增加值156.1亿元，第二产业增加值268.2亿元，第三产业增加值623.4亿元，海洋一、二、三产业比重分别为14.9%、25.6%和59.5%。主要海洋产业增加值545.4亿元，比上年增长19.16%。

（2）海洋产业发展情况

海洋渔业。中国渔业协会授予连云港市“中国紫菜之都”称号，形成从育苗、养殖、加工、流通到对外贸易的完整产业链，年加工一次性紫菜超过20亿张，产值近14亿元，国内紫菜产业龙头地位进一步稳固。南极磷虾高值化配套产业园加快建设，磷虾油生产车间、蛋白肽车间主体已经封顶，生产设备陆续进场安装。秦山岛东部海域国家级海洋牧场示范区获得农业农村部批准，投资10亿元的燕尾港渔港经济区投入使用。 赣榆区海产品电商业蓬勃发展，获批江苏省农村电商示范县，2021年交易额达100亿元，海头镇电商产业园二期工程加快建设，打造中国海鲜电商第一镇。连云区创新实施“海田托管”养殖服务新模式，累计托管海田超过2万亩。

海洋交通运输业。2021年，连云港港主要指标实现较大突破并创近十年同期最高，全年累计完成货物吞吐量2.69亿吨，同比增长11.3%，集装箱吞吐量达503.5万标箱，同比增长4.8%。新辟包括LNG罐箱专线在内的集装箱航线9条，中欧班列累计开行4 535列。《国家综合立体交通网规划纲要》确定连云港港为国际枢纽海港，上榜首批国家物流枢纽建设名单。

海洋旅游业。2021年，连云港市海洋旅游产业实现强势反弹，全年接待国内游客3 614万人次，实现旅游收入495亿元，分别较去年增长41%、85.4%。“海岛生态休闲游”获2021中国美丽乡村休闲旅游行推荐。开工建设重点文旅项目65个，完成年度投资100亿元，达到年度计划的116.8%，连岛海滨景区提升改造工程、渔湾游客中心等4个项目入选2021年度省级重点投资项目库，秦山岛二期提升改建、伊水温泉康养中心等6个文旅融合项目入选江苏省第五批文旅专项资金名录。

海洋工程装备制造业。连云港杰瑞自动化公司自主研制的全国首套LNG智能装车管理系统在中国石化天津液化天然气接收站投产试运行，标志着国内首个实现全流程智能化“互联网+ ”模式的LNG装车管理系统正式应用。中复连众“一种兆瓦级风轮叶片根部的制作方法”发明专利首获中国专利奖，百米级大型海上风电叶片在该公司叶片生产基地下线。

海洋电力业。国内首个旋转流潮汐海域风电项目——华能灌云300兆瓦海上风电全容量并网发电，作为国内单机容量最大的海上风电场项目，可实现年满负荷等效利用小时数达到2 724小时，年发电量达8.26亿千瓦时，每年可节约原煤23万吨。

海洋船舶工业。2021年，连云港市海洋船舶修造企业达19家，其中具备建造万吨级以上近海航行船舶能力的企业有9家。

2. 2021年重点举措

海洋经济管理。连云港市国民经济和社会发展“十四五”规划和年度政府工作报告中专章部署发展海洋经济相关工作。编制印发《连云港市“十四五”海洋经济发展规划》，部署构建“一带贯穿、四圈聚力、两轴辐射”的海洋经济发展格局，形成港、产、城、海深度融合发展的海洋经济新空间。提出构筑现代海洋产业体系，优化升级海洋传统产业，培育壮大海洋新兴产业，打造绿色高端临港产业，推进海洋产业集群化发展，建设国家级海洋生物医药产业集聚示范区。

海洋经济监测评估。落实海洋经济统计报表制度和海洋生产总值核算制度，开展季报、年报和企业直报工作，编制年度海洋经济发展报告，开展海洋经济活动单位核实认定工作，启动全省首家市级海洋经济信息化平台建设。

海洋生态文明建设。2021年，累计投入0.67亿元实施海洋生态环境综合修复治理，修复滨海湿地约75.5公顷，建成生态海堤约4.75千米，修复海岸线约5千米，拆除围堤约0.5千米。积极推进入海河流治理和排污口整治，启动编制《连云港市海洋生态环境保护“十四五”规划》。

海洋科技创新。2021年9月，连云港市与中国船舶科学研究中心（中国船舶重工集团公司第七〇二研究所）签订协议，打造太湖实验室连云港中心，共建智能技术试验船。科技部、教育部认定江苏海洋大学国家大学科技园，瞄准海洋医药、海洋信息、智能制造等开发应用，打造具备科技研发、成果转化、产业孵化、人才培养、创新创业等复合功能的综合性双创平台。积极融入江苏沿海科技创新走廊，江苏省科技厅批复筹建江苏省海洋资源开发技术创新中心，围绕海洋生物技术、海洋装备技术、海洋电子信息技术三大领域，打造全国海洋科技成果的转化基地和海洋战略性新兴产业的产业集群。

第五章　沿江地区海洋经济发展情况

第一节　南京市

2021年，南京市深入贯彻落实海洋强国建设战略部署，依托“通江达海”的地理条件、得天独厚的港航资源和出类拔萃的科教实力，深入挖掘海洋经济潜力，助力海洋经济高质量发展。

1. 2021 年海洋经济发展情况

（1）海洋经济总体运行情况

据初步核算，2021年，南京市实现海洋生产总值833.4亿元，同比增长14.4%，占地区生产总值的比重为5.1%，较上年上升0.2个百分点。海洋经济拉动地区生产总值增长0.7个百分点，对全市国民经济增长的贡献率为6.7%。海洋经济占国民经济的比重不断提升，蔚蓝动能持续释放。

（2）海洋产业发展情况

海洋船舶工业。南京市落实长江大保护、不搞大开发要求，大量船舶制造企业关闭、搬迁，2021年，虽然造船订单量有所下降，但高附加值船舶制造占比提高。南京金陵船厂为丹麦DFDS公司建造的第六艘6 700米车道货物滚装船，为招商轮船旗下香港明华建造的第四艘62 000吨重吊多用途船，为日本NYK集团旗下NYK Bulk&Projects公司建造的第二艘12 500 DWT重吊船，为意大利Grimaldi集团旗下的Finnlines Plc公司建造的第二艘5 800米车道货物滚装船均顺利交付。南京高精船用设备有限公司成立企业技术中心，先后承担国家发展和改革委员会增强制造业核心竞争力专项项目、江苏产业前瞻与共性关键技术项目等科技项目30余项，申请有效专利100多项，被江苏省工业和信息化厅评为省级企业技术中心。

海洋交通运输业。2021年，海洋交通运输业实现增加值197.5亿元，同比增长33.5%。南京港完成货物吞吐量2.69亿吨，同比增长6.9%，完成集装箱吞吐量311万标准箱，同比上升2.9%，货物吞吐量和集装箱吞吐量均位列全国港口排名第19位。南京港股份有限公司2021年完成营业总收入7.97亿元，较上年同期增加5.6%；实现营业利润2.25亿元，较上年同期增加8.1%。积极开展“智慧港口”建设，油气化工码头智慧管控平台已投入使用，全场景实时化、可视化掌握港口生产和作用情况。南京港龙潭天宇码头有限公司获评三星级“江苏绿色港口”。2021年1月，在落实拖轮伴航等措施基础上，航经尹公洲航段的散货船、集装箱船单船尺度由之前的230米提升至241米，散货船最大通过吨位由之前的5万载重吨提升至9万载重吨。由此，9万吨大型海轮可直达南京，长江深水航道“黄金效能”加速释放。

海洋科研教育业。海洋科研教育业是南京市海洋经济发展的中坚力量。2021年，南京大学地理与海洋科学学院刘永学教授课题组在全球海面油膜遥感监测方面研究取得重要进展。该研究首次勾绘了全球海面油膜的空间分布，构建了迄今为止最为全面、位置明晰的海面油膜持续固定排放源清单，确定了不同来源海面油膜的贡献比例，改善了对海面油膜来源的结构性认知。该成果已在顶级期刊《Science》上发表。

2. 海洋经济管理

健全海洋经济管理机制。南京市积极推动建立横向覆盖科技、交通、工信、统计等相关部门，纵向覆盖市、区两级的海洋经济管理机制。江北新区和11个所辖区，规划和自然资源部门均确定了专门的内设机构负责海洋经济管理工作，奠定全面开展海洋经济管理工作的制度基础。

摸清海洋经济底数。开展2021年度海洋经济活动单位名录更新工作，摸清海洋经济家底。采取“市级统筹推进，区级逐户核实，技术单位支撑”工作方式，编制《2021年南京市海洋经济活动单位名录库核实工作方案》，编印《南京市海洋经济宣传手册》，设计“南京市海洋经济活动单位涉海情况调查问卷”，开发“南京市海洋经济活动单位涉海情况调查”微信小程序，增强调查企业信任度，降低开展入户核实工作难度，提高资料核对、填报、整理效率，更好摸清海洋经济家底。

谋划“十四五”海洋经济发展。首次编制《南京市

“十四五”海洋经济发展规划》，提出南京市海洋经济“十四五”及远景发展目标，明确海洋经济发展定位为“一城市、一高地、一平台”，即：打造向海发展、陆海统筹的海洋经济示范城市，打造产学研用、协同融合的海洋经济创新高地，打造服务全省、辐射内陆的海洋经济服务平台，部署“一带驱动、多片集聚、圈层布局、全域协同”的海洋经济空间布局。

第二节　无锡市

2021年，受新冠肺炎疫情冲击和复杂国际环境影响，国内消费受到一定抑制，外需明显下滑，波及全球供应链。无锡市发挥自身优势，海洋经济运行整体情况稳中向好，海洋及相关产业快速发展。

1. 2021 年海洋经济发展情况

（1）海洋经济总体运行情况

据初步核算，2021年，海洋生产总值达到735亿元，同比增长15.04%，占全省海洋生产总值比重为7.95%。创新“海洋+制造业”，大力发展海洋工程装备制造、高技术海洋船舶、涉海设备与材料等无锡市海洋优势产业，积极培育海洋药物和生物制品业等海洋新兴产业，持续推进新兴产业的发展。

（2）海洋产业发展情况

海洋船舶工业。无锡拥有一批竞争力强、行业影响力大、拥有自主技术的高技术船舶企业。江苏新扬子造船有限公司登榜江苏省2020年百强创新型企业，中船澄西的产品覆盖三大主流船型和特种船市场，自主研发的2号40 000吨自卸船“FJORDNES”号于2021年6月成功交船，胜利实现本部造船“双过半”。

海洋工程装备制造业。无锡拥有全球前三的海洋装备总体性能保障和新型装备总体设计技术开发的科研力量。江苏华西村海洋工程服务有限公司的“华西5000”船助力南海海域首批两台大直径单柱复合筒风机基础在三峡阳江沙扒海上风电项目中顺利安装完成，确保了风机基础最终垂直度控制在1‰以内，成功克服了在浅覆盖层岩石海床建设风机基础的难题，创造了风电基础海上安装最快纪录。2021年4月，中船重工电机科技股份有限公司自主研制的9兆瓦级高速永磁同步风力发电机正式下线，是目前业内单机容量最大的高速永磁风力发电机，兼备海上大容量发电需求及高效可靠的性能优势。2021年11月，中国船舶重工集团公司第七〇二研究所与吉利科技集团签署关于海洋浮式综合体研发的合作协议，将围绕海洋浮式综合体研发项目，统筹开展科学规划和设计研发工作。

海洋交通运输业。2021年，无锡（江阴）港货物吞吐量达3.4亿吨，同比增长31.7%，集装箱吞吐量达60.5万标箱，同比增长19.6%。2021年4月，无锡（江阴）港申夏港区五号码头、通用码头改扩建项目通过岸线利用合理性评估，标志着20万吨级泊位改扩建项目正式启动。五号码头设计年通过能力3 903万吨，新增通过能力2 812.5万吨，为原来的3.6倍，通用码头设计年通过能力2 790万吨，新增2 047万吨，为原来的3.75倍。项目实施对提升港口专业化、规模化、安全化、绿色化发展水平具有重要意义。

2. 海洋经济管理

部署“十四五”海洋经济发展。首次编制《无锡市“十四五”海洋经济发展规划》，提出打造江苏省海洋先进制造业基地、长三角海洋科技创新高地、江海联运中转枢纽和物流中心，构建“一轴联通，双带驱动，两核引领，全域协同”海洋发展格局，并提出到2025年海洋生产总值达到850亿元，年均增速为6.8%。

加强海洋宣传力度。作为非沿海城市，不断加大海洋宣传，提高公众海洋意识。围绕“保护海洋生物多样性　人与自然和谐共生”主题，发挥互联网、微博、微信等新媒体作用，通过印发科普读物、开展新媒体互动、制作宣传片等形式，面向社会公众开展系列海洋日宣传活动。

第三节　常州市

2021年，常州市紧紧抓住“一带一路”、长江经济带、长三角区域一体化等重大发展机遇，抢占江海联动、河海联通发展先机，海洋经济总量持续增长，海洋经济结构不断优化，海洋经济整体稳中向好发展。

1. 2021年海洋经济发展情况

（1）海洋经济总体运行情况

据初步核算，2021年，常州市海洋生产总值实现268.7亿元，比上年增长13.5%，占地区生产总值的比重为3.05%，占全省海洋生产总值的比重为2.91%。其中，第二产业增加值158.80亿元，第三产业增加值109.90亿元。

（2）海洋产业发展情况

涉海设备制造。船舶海工相关配套设备制造、海上风电相关装置装备制造、港口机械制造、涉海液压设备制造等，是常州市海洋经济中技术进步最快、竞争优势较明显的产业，有一定规模，但种类较为分散，集聚发展格局尚未形成。

涉海材料制造。依托常州市传统化工基地优势，涉海材料及新材料产业基础好，行业集聚显著，拥有先进研发技术，产业特色鲜明，发展处于国内前沿水平。产品主要有碳纤维及复合材料、石墨烯重防腐涂料，主要应用于海上风电领域（如风电叶片）。

海洋交通运输业。积极调整运输结构，大力推进海铁联运、江海联运、河江海联运。2021年，海洋交通运输业增加值为34.6

亿元，占常州市海洋生产总值的12.88%。常州港实现货物吞吐量0.52亿吨，同比下降4.4%，集装箱吞吐量为35.5万标箱，同比增长1.2.%龙头航运公司主要分布在新北区、天宁区等地，承担海运货物运输代理、港口货物装卸驳运仓储等。

2. 海洋经济管理

开展海洋经济活动单位名录更新。组织开展2021年度海洋经济活动单位名录库更新工作，形成海洋经济活动单位名录库。

编制“十四五”海洋经济发展规划。印发实施《常州市“十四五”海洋经济发展专项规划》，提出实施江河海联动、科技创新驱动、装备制造引领、优势产业领先四大海洋经济发展战略，明确科学发展“3”类优势产业、培育发展“2”类涉海新兴产业的“3+2”发展定位，为加强“十四五”海洋经济发展引导和重点产业培育，打造涉海龙头企业和优势产品，促进海洋经济高质量发展提供科学依据。

加强海洋意识培养。开展形式多样的线上线下海洋日宣传活动，设置“6.8世界海洋日”专题专栏，“常州1034早新闻”播报海洋日宣传材料，科普海洋知识，引导社会公众树立海洋意识。金坛区城市形象馆举办参观活动，开设科普小课堂，营造“海洋保护从娃娃抓起”浓郁氛围，宣传海洋保护重要性和意义。

第四节 苏州市

2021年，苏州市坚持以习近平新时代中国特色社会主义思想为指引，深入学习贯彻习近平总书记对江苏工作重要讲话指示批示精神，实现海洋经济“十四五”发展良好开局。

1. 2021 年海洋经济发展情况

（1）海洋经济总体运行情况

据初步核算，2021年，苏州市实现海洋生产总值918.5亿元，同比增长18.2%，2019—2021年三年平均增长8.8%。与地区生产总值比较来看，海洋生产总值占地区生产总值的比重为4.0%，拉动地区生产总值增长0.7个百分点，对地区生产总值增长的贡献率为5.5%。

（2）海洋产业发展情况

海洋交通运输业。海洋交通运输业在苏州市海洋经济中占据主导地位，是海洋经济快速增长主要动能。2021年，海洋交通运输业实现增加值390.3亿元，同比增长27.2%，占主要海洋产业的90.9%。实现货物吞吐量5.66亿吨，其中外贸货物吞吐量1.71亿吨，分别同比增长2.2%和6.7%；实现集装箱吞吐量811万标准箱，同比增长29.1%。太仓港区紧盯经济发展新形势和航运发展新态势，按照“畅通国内大循环”要求，加强与内贸航运企业合作，完善内贸航线网络，持续做大内贸航线规模，全力以赴打造华南、华北精品航线。

海洋船舶工业和海洋工程装备制造业。2021年，国际航运市场呈现积极向上态势，全球新造船市场超预期回升，苏州船企专注于产品创新，谋求新的发展机遇。江苏新航船舶科技股份有限公司是国内舰、船特种推进器研发和生产制造历史悠久、实船交付量大、品种多、规格全的专业企业。6月28日，该公司参与建造的700吨自升式海上风电作业平台在海西重机交付，该平台配备4套全回转舵桨，艉部设有2台1 500千瓦全回转舵桨，艏部设有2台500千瓦全回转舵桨。该平台从设计、采购、建造到顺利交付，历时九个半月，刷新风电安装平台最短建造纪录。

涉海材料制造业。涉海材料制造企业技术创新不断取得重大突破，发展潜能有望得到进一步释放。江苏亨通高压海缆有限公司积极参与额定电压500千伏及以下直流输电用挤包绝缘电力电缆、220千伏海底电缆等的技术规范和标准起草与修订工作，并参与500千伏海缆研发与试制，已具备单芯电缆截面2 500平方毫米、三芯电缆截面1 600平方毫米生产能力，具备生产金属丝最大单根直径8毫米的铠装层能力。4月成功交付国家电投湛江徐闻项目第一回33.56千米220千伏（3×1 000平方毫米）大长度、大截面海缆，6月成功交付第二回220千伏（3×1 000平方毫米）海缆，累计交付约74千米，标志着国内海缆制造能力迈上一个新台阶。

2. 海洋经济管理

摸清海洋经济底数，完成海洋经济活动单位名录更新。采取“市级自然资源部门统一领导，各市区分局具体实施，技术支撑单位指导”工作方式，编制《2021年苏州市海洋经济活动单位名录库核实工作方案》，严把待核数据质量关、下发数据筛选关、上交成果验收关，确保摸清海洋经济活动单位真实情况。

统筹谋划海洋物流。《苏州市国民经济和社会发展第十四个五年规划和二〇三五年远景目标纲要》系统谋划海洋物流体系建设，提出发挥江海河联运体系优势，做优做强上海国际航运中心重要组成部分、集装箱干线港和江海联运中转枢纽港，高质量建设港口型国家物流枢纽承载城市。推进江苏（苏州）国际铁路物流中心口岸达标开放，推动海港陆港口岸通关一体化，提升“苏满欧”“苏新欧”“苏新亚”等中欧（亚）班列辐射带动作用。加强苏通合作，建设上海国际航运中心北翼江海组合强港，成为长三角世界级港口群的重要组成部分，提升近洋集散和远洋喂给功能，重点发展国际集装箱航线航班，巩固拓展国内沿海航线，加快完善发展船货代理、航运金融、保险等航运服务业。

系统谋划“十四五”海洋经济发展。编制完成《苏州市“十四五”海洋经济发展规划》，总结苏州市“十三五”海洋经济发展成就，深入分析苏州市“十四五”海洋经济发展环境，详细规划“十四五”期间海洋经济发展方向。

第五节　扬州市

2021年，扬州市积极应对疫情冲击、经济下行和要素制约等多重挑战，海洋经济实现稳步发展，海洋经济总量持续扩大，“十四五”发展实现良好开局。

1. 2021 年海洋经济发展情况

（1）海洋经济总体运行情况

据初步核算，2021年，扬州市实现海洋生产总值346.5亿元，同比增长10.9%，2019—2021年三年平均增长5.6%。海洋生产总值占地区生产总值的比重为5.2%，拉动地区生产总值增长0.6个百分点，对地区生产总值增长的贡献率为5.3%。海洋船舶工业和海洋交通运输业规模较大，增加值分别为80.5亿元和67.0亿元，同比分别增长2.4%和28.1%。

（2）海洋产业发展情况

海洋船舶工业。2021年，扬州市造船完工量达540万载重吨，16家规模以上船舶企业实现开票销售收入128亿元，增幅12.3%；实现增加值80.5亿元，占主要海洋产业的49.6%，同比增长2.4%。招商工业扬州金陵船厂获德国船东John T. Essberger集团8艘双燃料不锈钢化学品船订单，IMO Ⅱ型不锈钢化学品船将采用LNG双燃料推进系统，具备芬兰/瑞典1A冰级规格，在船体设计和设备方面进行优化，提高至少30%的能源效率，货运过程中可以使用岸电连接。

海洋交通运输业。2021年，实现货物吞吐量1.01亿吨，同比增长4.9%，其中外贸货物吞吐量0.13亿吨，同比增长22.8%；实现集装箱吞吐量61.2万标准箱，同比增长20.2%。截至2021年底，共有生产用码头泊位共173个，万吨级以上34个，形成以大宗散货、液体化工、集装箱运输为主的“一港三区、八个作业区”规划发展格局。2021年7月12日，迎来2021年首艘外贸集装箱海轮——长度为189.99米的“天惠”轮，是今年以来靠泊的最大船舶。11月17日，顺利完成首艘27件/3 360方的风电叶片模具装船作业，标志着扬州港在引进风电相关货种项目上迈出实质性一步。

海洋工程装备制造业。扬州市拥有海洋工程装备制造业企业49家，涉及海上风电和油气设备制造。中航宝胜海洋工程电缆有限公司向福建长乐外海海上风电场C区项目交付220千伏光电复合海缆，宝胜海缆公司发挥企业技术资源储备优势，攻克该项目海缆产品技术和生产难题，提前完成首根220千伏光电复合海缆的生产交付任务，标志着企业生产能力和市场服务能力迈上新的台阶。

涉海设备制造业。扬州市涉海设备制造业主要集中在船舶配套设备和海洋工程装备配套设备领域，涵盖深海绳缆、海工绳缆、油气装备配套、海上风电相关设备等，以及船舶舾装件、船用设备及船舶系缆绳、船舵、船用传动轴、船舶电子设备等，形成以江都、高邮、宝应、市开发区为主的涉海设备制造产业集群发展格局。

2. 海洋经济管理

更新海洋经济活动单位名录。采取“市级统筹推进，技术单位支撑”工作组织形式，编制《2021年扬州市海洋经济活动单位名录库核实工作方案》，严把待核数据质量关、下发数据筛选关、上交成果验收关，确保真正摸清海洋经济活动单位情况。

开展海洋经济统计。通过数据共享方式，完成海洋经济数据采集和上报工作。

编制海洋经济专项规划。印发《扬州市“十四五”海洋经济发展规划》，明确“十四五”期间重点发展产业和专项任务目标，提出优化海洋产业空间布局、构建现代海洋产业体系、提升海洋经济创新能力、强化重大涉海项目带动、提高存量资源产出效率五项重点任务。

第六节　镇江市

2021年，镇江市深入贯彻落实高质量发展理念，加快海洋经济领域拓展和重点海洋产业集聚，全力构建海洋经济特色鲜明、重点产业影响带动的现代海洋产业体系。

1. 2021年海洋经济发展情况

（1）海洋经济总体运行情况

据初步核算，2021年，镇江市实现海洋生产总值335.63亿元，同比增长16.47%，占地区生产总值的比重为7.05%，占全省海洋生产总值的比重为3.63%。

（2）海洋产业发展情况

海洋船舶工业和海洋工程装备制造业。镇江已经形成了涵盖船舶设计、总装、动力装备、甲板机械、电气设备等在内的船舶海工装备产业链。船用中速柴油机、螺旋桨、环保电站、船舶电器、船用系泊链等五类产品市场占有率保持全国领先，共有船舶海工制造及配套企业52家。2021年，完成 73艘船舶制造、68万载重吨；修缮船舶51艘、21万载重吨；新承接订单328万载重吨。规模以上海工船舶企业实现营业收入突破374.63亿元，同比增长83.92亿元。2021年10月，镇江市海工装备产业联盟与中国船协知识产权分会成立，“沪东重机船用低速柴油机生产转移”等产业投资项目，“综合科考船配电板”等创新创业人才引进合作项目，“船用电力储能系统”等产学研合作项目现场成功签约。

海洋交通运输业。2021年，镇江港货物吞吐量达2.37亿吨，同比下降32.4%，其中外贸吞吐量为0.49亿吨，同比增长12.3%。集装箱吞吐量为43.5万标箱，同比增长16.9%。《镇江港总体规划

（2035年）》（修订）通过省交通运输厅预审，将进一步优化港口功能布局，加快运输结构调整，优化完善临港工业、物流园区、集疏运体系等，构建绿色平安港口。

海洋科研教育业。涉海研究与试验发展经费支出合计4.44亿元，涉海产业专利申请1 554件、有效发明专利数为828件，江苏科技大学深蓝学院申报省科技厅“新形势下江苏海洋工程装备产业集群竞争力提升路径研究”获得通过。2021年10月，江苏科技大学海洋装备研究院研发的“3D可视化动态监测系统”，成功交付中国铁建大桥工程局集团有限公司最大吨位起重船“铁建大桥起1”号2 200吨起重船。

2. 海洋经济管理

科学谋划“十四五”海洋经济发展。编制完成《镇江市“十四五”海洋经济发展专项规划》，提出了“十四五”时期海洋经济规模稳步提高、海洋经济效益不断提升、海洋科技创新成效日益显著，沿江海洋经济特色鲜明、重点海洋产业国内有影响力的发展目标，明确江海联动发展、创新驱动发展、长三角一体化发展、优势产业领先发展、船海产业链拓展发展六大战略。

开展海洋经济活动单位名录更新。对照《海洋及相关产业分类》国家标准，组织开展海洋经济活动单位名录核实、认定和更新工作。

认真开展海洋宣传。围绕“保护海洋生物多样性人与自然和谐共生”主题，采取多元化宣传方式，广泛开展海洋日宣传活动，让海洋知识“进机关、进社区”，引导公众认识海洋、了解海洋、重视海洋，提高全社会海洋意识。

第七节　泰州市

2021年，泰州市科学统筹疫情防控和经济社会发展，有效应对复杂多变的外部环境和各项风险挑战，海洋经济持续恢复发展，综合实力迈上新台阶，高质量发展取得新成效，实现“十四五”良好开局。

1. 2021年海洋经济发展情况

（1）海洋经济总体运行情况

据初步核算，2021年，泰州市海洋生产总值实现913.2亿元，同比增长12.94%，占全省海洋生产总值的比重9.87%，占全市地区生产总值比重15.16%，对国民经济增长贡献率达14.68%，继续保持省内非沿海市排名第一的优势。其中，海洋船舶工业增加值445亿元，同比增长10.2%，占全市海洋生产总值的比重48.73%；海洋交通运输业增加值162亿元，同比增长28.37%，占全市海洋生产总值的比重17.74%。海洋船舶工业和海洋交通运输业继续保持传统优势，产业规模持续扩张，综合实力不断攀升，发展新动能逐步增强，创新活力加速释放，带动其他海洋产业协同发展。

（2）海洋产业发展情况

海洋船舶工业。2021年，在国际市场环境恶化和新冠疫情持续冲击双重影响下，泰州造船业克服困难，全力“保交船、争订单、促发展”，造船完工量、新承接订单、手持订单三大主要指标仍居全国榜首，造船完工量104艘936万载重吨，较去年同期上升2.1%，完工量分别占全省、全国、全球的比重为57%、23.5%和11.1%；新承接订单208艘1 900.1万载重吨，较去年同期上升281.7%，新承接订单分别占全省、全国、全球的比重为52.5%、28.3%和15.3%；手持订单272艘2 344.6万载重吨，较上年同期增长78.7%，手持订单分别占全省、全国、全球的比重为48.4%、24.5%和11.6%。泰州造船业凭借产业链相对齐全、企业规模大、经济效益好、配套产品全、融资能力强等良好基础和比较优势，扬子江船业、新时代造船包揽全国民营造船企业排名前二，亚星锚链、兆胜空调等一批船用产品企业成为细分领域“单项冠军”，船舶制造产业已成为全市工业经济和社会发展的重要支柱。根据泰州市统计局公布数据显示，2021年泰州船舶产业产值同比增长25%。以扬子江船业、新时代造船等造船链主企业为代表的优质船企积极开拓市场，加快“挺进深蓝”，着力提升船舶产业基础高级化和产业链现代化水平，不断优化产品结构，逐步向“高端化、智能化、绿色化”转型。靖江造船业全年新承接订单178艘1 828万载重吨，超过造船大国日本全年接单量，其中，扬子江船业三大指标均居全国前列，新时代造船双燃料动力船接单量全国第一。

海洋交通运输业。泰州市深化与江苏海事局战略合作，持续培育壮大海洋交通运输业，持续提升泰州港影响力、竞争力和美誉度。2021年，泰州港实现货物吞吐量3.53亿吨，同比增长17.2%，在年度全球50大港口生产情况排名位列第15，比2020年上升3位，在全国排名第11，在全省排名第2。泰州港信息化、智能化水平进一步提升，港航一体化系统依托“船E行”平台，实现进港船舶远程精准调度、到港船舶“直进直靠、直离直出”，统筹港、航、货关系，促进分工协作、共赢发展。江苏金马运业集团股份有限公司与金茂投资（广东）有限公司签订战略合作协议，探索海洋交通运输业发展模式和海洋产业投融资体制创新，“资本+”海洋经济产业模式成为海洋经济高质量发展新方向。

海洋工程装备及涉海设备制造业。依托沿江区位优势，形成具有泰州特色的海洋工程装备及涉海设备制造业体系，其中海洋工程装备制造业有48家，涉海设备制造业有128家，涉及海洋用石油钻杆、系泊链、海工辅助船、自升式钻井平台、海洋隔水管接头等众多海洋开发细分领域。江苏亚星锚链制造有限公司专业化从事船用锚链和海洋系泊链生产，全年生产锚链、系泊链及附件产值达10.14亿元。江苏兆胜空调有限公司主要从事舰船用空调、冷藏、风机、冷却器、特种空调等系统研发、生产，2021年在制冷空调、通风附件、冷冻、冷藏系统、环控系统等制造方面产值达29 851万元，在海上风力发电机组制造方面产值达7 900万元。

海洋工程建筑业。全市共有海洋工程建筑企业12家，业务范围包括护坡护岸、防渗导渗、堤身填筑等堤防工程，码头、防波堤、船坞船台及滑道工程、海上灯塔、航标与警戒标志工程等港口与海岸工程，水下船舶、平台、海底管线与水下光缆铺设施工等水下工程。具有代表性的海洋工程建筑业企业——江苏神龙海洋工程集团有限公司，拥有“港口与海岸工程”“潜水作业”等海洋工程建筑业相关资质，已承接“辽宁盘锦围海造地工程”“福建漳州香山国际游艇码头浮桥和桩工程”等多项国家涉海基础设施工程。

海洋旅游业。深入挖掘具有泰州特色的海洋历史文化、民俗文化，开展海洋文化产业创意项目，积极打造海洋文化产业新高地，丰富海洋文化内涵和形式，提升海洋文化影响力，打造非沿海地区海洋旅游业带动海洋经济和文化旅游等相关行业发展。发挥泰州市海军诞生地等历史文化资源优势，整合具有地方特色的系列海洋文化旅游产业，引导市民了解海军历史、海军精神和海洋文化，塑造和提升全民海洋精神，促进海洋文化与泰州旅游业融合发展。

2. 海洋经济管理

构建“1+2”市县联动海洋经济发展体系。首次编制印发《泰州市“十四五”海洋经济发展规划》，标志着省委省政府“全省都是沿海”战略在泰州全面展开，对聚力培育“泰州向海经济板块”，助推“造船大市”向“造船强市”转型具有重要意义。积极推动沿江的靖江市、泰兴市分别编制完成本地区的“十四五”海洋经济发展专项规划，并经地方政府颁布实施，实现泰州市海洋产业核心地带规划全覆盖。

全面完成海洋经济活动单位名录库更新工作。多措并举系统推进更新，精准把控工作进度，及时总结推广好的工作经验和做法，强化质量管控开展专项督查，最终形成“两表一报告”按时上报。

高质量开展海洋经济统计。进一步完善海洋经济工作会商机制，多次组织召开海洋经济工作议事协调会、专家论证会，交流研讨海洋经济统计核算思路和方式方法，构建海洋经济信息填报规范化工作体系，通过横向各部门联动和纵向各市（区）局（分局）、乡镇联动相结合，获取企业准确生产经营数据，高质量完成海洋经济统计工作。

加大财税金融扶持海洋科技创新力度。帮助企业积极争取省级以上财政资金扶持，发挥财政资金“四两拨千斤”功效，提高民营企业科技创新积极性，为企业做大做强、渡过疫情难关注入活力。

搭建海洋经济运行监测平台。强化智能驱动，构建全市上下贯通海洋经济运行监测评估体系，搭建智慧海洋经济管理平台，建立海洋经济监测分析评估模型，开发自动化监测、审核、汇总、分析等功能，实现系统内部和政府部门间的纵向和横向数据交换和共享，由耗时冗长的人工统计向快捷高效的自动化统计转变，构建海洋经济智能化工作模式，收集涉海单位行业动态、技术创新成果和各地海洋经济配套产业政策，通过季度舆情监测分析，实时监测海洋经济发展动态，按季度编制泰州海洋经济舆情动态分析报告。

开展海洋经济高质量发展策略体系研究。聚焦推进海洋经济高质量发展，开展海洋经济发展指数模型研究和形势预测分析，提出促进海洋经济高质量发展宏观策略路径，并向市委、市政府提出决策建议。

附　录

海洋经济主要名词解释

海洋经济：开发、利用和保护海洋的各类产业活动，以及与之相关联活动的总和。

海洋生产总值：海洋经济生产总值的简称，指按市场价格计算的沿海地区常住单位在一定时期内海洋经济活动的最终成果，是海洋产业和海洋相关产业增加值之和。

增加值：按市场价格计算的常住单位在一定时期内生产与服务活动的最终成果。

海洋产业：开发、利用和保护海洋所进行的生产和服务活动。海洋产业主要表现在以下四个方面：直接从海洋中获取产品的生产和服务活动；直接从海洋中获取产品的加工生产和服务活动；直接应用于海洋和海洋开发活动的产品生产和服务活动；利用海水或海洋空间作为生产过程的基本要素所进行的生产和服务活动。

海洋科研教育：包括海洋科学研究和海洋教育。海洋科学研究指以海洋为对象，就其自然科学、工程技术、农业科学、生物医药、社会科学等进行的科学研究活动。海洋教育指依照国家有关法规开办海洋专业教育机构或海洋职业培训机构的活动。

海洋公共管理服务：包括海洋管理、海洋社会团体、基金会与国际组织、海洋技术服务、海洋信息服务、海洋生态环境保护修复、海洋地质勘查等。

海洋上游相关产业：包括涉海设备制造和涉海材料制造等。

海洋下游相关产业：包括涉海产品再加工、海洋产品批发与零售和涉海经营服务等。

海洋渔业：包括海水养殖、海洋捕捞、海洋渔业专业及辅助性活动。

沿海滩涂种植业：指在沿海滩涂种植农作物、林木的活动，以及为农作物、林木生产提供的相关服务活动。

海洋水产品加工业：指以海水经济动植物为主要原料加工制成食品或其他产品的生产活动。

海洋油气业：指在海洋中勘探、开采、输送、加工石油和天然气的生产和服务活动。

海洋矿业：指采选海洋矿产的活动。包括海岸带矿产资源采选、海底矿产资源采选。

海洋盐业：指利用海水（含沿海浅层地下卤水）生产以氯化钠为主要成分的盐产品的活动。

海洋船舶工业：包括海洋船舶制造、海洋船舶改装拆除与修理、海洋船舶配套设备制造、海洋航标器材制造等活动。

海洋工程装备制造业：指人类开发、利用和保护海洋活动中使用的工程装备和辅助装备的制造活动，包括海洋矿产资源勘探开发装备、海洋油气资源勘探开发装备、海洋风能与可再生能源开发利用装备、海水淡化与综合利用装备、海洋生物资源利用装备、海洋信息装备、海洋工程通用装备等海洋工程装备的制造及修理活动。

海洋化工业：指利用海盐、海洋石油、海藻等海洋原材料生产化工产品的活动。

海洋药物和生物制品业：指以海洋生物（包括其代谢产物）和矿物等物质为原料，生产药物、功能性食品以及生物制品的活动。

海洋工程建筑业：指用于海洋开发、利用、保护等用途的工程建筑施工及其准备活动。

海洋电力业：指利用海洋风能、海洋能等可再生能源进行的电力生产活动。

海水淡化与综合利用业：包括海水淡化、海水直接利用和海水化学资源利用等活动。

海洋交通运输业：指以船舶为主要工具从事海洋运输以及为海洋运输提供服务的活动。

海洋旅游业：指以亲海为目的，开展的观光游览、休闲娱乐、度假住宿和体育运动等活动。

沿海地区：一般泛指广义的沿海地区，是指有海岸线（大陆岸线和岛屿岸线）的地区。本报告中出现的江苏沿海地区包括连云港、盐城、南通三市所辖全部行政区域。

沿海城市：是指有海岸线的直辖市和地级市（包括其下属的全部区、县和县级市）。

沿海地带：即狭义的沿海地区，是指有海岸线的县、县级市、区（包括直辖市和地级市的区）。

北部海洋经济圈：由辽东半岛、渤海湾和山东半岛沿岸地区所组成的经济区域，主要包括辽宁省、河北省、天津市和山东省的海域与陆域。

东部海洋经济圈：由长江三角洲的沿岸地区所组成的经济区域，主要包括江苏省、上海市和浙江省的海域与陆域。

南部海洋经济圈：由福建、珠江口及其两翼、北部湾、海南岛沿岸地区所组成的经济区域，主要包括福建省、广东省、广西壮族自治区和海南省的海域与陆域。

上述名词解释主要摘自《海洋及相关产业分类》（GB/T 20794—2021）、《中国海洋统计年鉴》《2021年中国海洋经济统计公报》。